JN426220

環境汚染의 技術的 制御

孔錫基 著

도서출판 대학서림

Who is environmentalist?

Environmentalists have a special role to play in this new era. They deserve the credit for bringing the issues of environmental degradation into the public eye. Now their help is needed in implementing the solutions. It is a time for the environmental movement to move toward a modus operandi of cooperation and compromise rather than confrontation.

* Environmentalists should recognize the public concensus that both environmental health and economic health and important and compatible.. * Environmentalists should help develop and support regional waste-management strategies. They should recognize that environmental activists who oppose all new waste-management facillities are taking action that promotes rather than curtails environmental degradation. * Environmentalists should be more selective in distinguishing between cases that involve pure NIMBY protest and cases that involve a true environmental threat. They should not allow their support to be misused by NIMBY protesters who try to ride on environmental coattails. * Environmentalists should be willing to differentiate between good and bad cooperative companies as well as those that fail to cooperate in environmental remediation. * They should be continued support and encouragement for recycling, especially in the industrial sector, but its value should be presented to the public as that of a useful component in an overall waste-management strategy, not a self-sufficient panacea. * Environmentalists should try to lead the public to take greater interest in higher-risk global issues like ozone depletion and global warming rather than pandering to the public's fears about marginal local risks.

(from THE ENVIRONMENTAL PENDRUM by R. Allan Freeze)

序 文

지금도 그렇지만 미래의 우리나라는 질병으로부터 보다 안전하고 쾌적하며 윤택한 인간 삶이 넘치는 나라가 되어야 한다. 이런 점에서 우리나라 폐기물 정책의 기본이 발생된 폐기물을 단순히 처분하는 것으로부터 점차적으로, 자원 순환형 사회로의 전환을 촉진하는 것으로 결정한 것은 인적자원을 제외한 자원 빈국으로서의 우리나라가 하여야 할 의무로서 일면 당연한 것이라고 할 수 있다.

환경기술이 아직 초보단계에 있을 때 그러니까 1960년대에서 1980년대에 이르기까지 많은 분들이 경각에 달린 공해문제를 어떻게 하면 기술적으로 풀 수 있을까하고 연구에 매달려 많은 수고를 아끼지 않고 있었다. 특별히, 의사선생님들께서 대기오염 방지기술을 열심히 연구하시고 강의실에서 열심히 설파하고 계시던 기억도 나고 수질분석 시스템이 변변치 않아 실험실에서 실험 매뉴얼들을 열심히 탐독하고 땀을 뻘뻘 흘리면서 비이커라든지 플라스크 등을 닦고 시약을 넣고 끓이는 등 실로 그때는 초보로서 정말로 이루 말할 수 없이 많은 고생들을 하였다.

어느덧 분석 등의 기술이 눈부시게 발전하여 오늘날에는 가히 환경기술에서 만큼은 선진국 수준이라고 말들을 하고 있고 실제로 그렇다.

환경신기술 발굴의 목적이 다음과 같다. 즉, 국가에서 환경기술을 발굴하여 우수한 기술에 대해서는 신기술로 지정하여 줌으로써 기술사용자가 신기술을 믿고 사용할 수 있고 기술 개발자에게는 개발된 기술을 현장에 신속하게 보급할 수 있게 하여 신기술 개발 촉진 및 환경산업 육성에 기여하는 데에 있다. 우리나라는 지난 1997년 미국, 캐나다, 일본, 유럽 등의 환경신기술 평가제도들을 조사하고 2000년에 환경신기술 평가의 법적 근거를 [환경기술개발 및 지원에 관한 법률]에 도입하여 지금에 이르고 있다. 대부분의 환경신기술은 명백하고 확실한 기술적 자료를 바탕으로 하여 현재 우리나라가 안고 있는 환경오염문제를 기술면에서 효율적이고 경제적으로 해결하는 데에 뒷받침되는 것들이라고 할 수 있다.

집필내용에 많은 도움을 주신 동학의 제현께 감사드리며 아울러 출간에 협조를 아끼지 않으신 대학서림 윤 진 영 회장과 임직원 여러분께 심심한 사의를 표하는 바이다.

2011년 7월

차례

CHAPTER 6 수질오염 84

CHAPTER 7 상하수도 146

CHAPTER 8 폐기물 165

CHAPTER 1

환경성 질환과 역학

환경성 질환(environmentally related disease, ERD)이 암 발생 촉진 등 인류 건강에 치명적으로 작용하고 있다.

우리나라는 2008년 3월 21일 법률 제8946호로 공포하고 2010년 1월 18일 법률 제9932호로 개정한 환경보건법에서 환경성 질환(ERD)을 "역학조사(疫學調查) 등을 통하여 환경유해인자와 상관성이 있다고 인정되는 질환으로서 제9조에 따른 환경보건위원회 심의와 보건복지부장관과의 협의를 거쳐 환경부령으로 정하는 질환"으로 정의한다.

미국 보건복지부는 환경성 질환(ERD)을 "화학물질, 물리적인 요인, 생체역학적인 스트레스 요인, 생물학적 독소 등과 같은 환경유해요인에 노출과 관련 가능성이 있는 만성질환, 선천성 기형. 발달장애, 다른 비감염성 건강의 영향"으로 정의한다(미국 보건복지부 2005).

최근에는 국가적 질병부담 차원에서 환경성 질환을 연구하고 있으며 비만, 당뇨, 고혈압, 뇌심혈관질환, 심부전, 뇌졸중, 알레르기 비염, 천식, 폐암 등이 환경성질환의 주요 질병들로 규정하고 있다.

1.1 역학

역학이란 집단적 인간 사회에서의 질병 발생 · 경과 · 분포 · 제장 · 영향 요인 등을 연구하여 그의 예방과 방역을 실천하는 학문으로 정의할 수 있다. 영어식 표현이 epidemiology인데 epi(=upon; ~에 관한)와 demos(=people; 사람들)와 logos(=logy=science, 학문/과학)의 합성어이다.

1. 역학의 관심내용

1) 장소(place)

2) 시간(time)

3) 개인(person)

- 인구학적 특성(demographic characteristics)−age, sex, color,
- 생물학적 특성(biological characteristics)−blood levels of antibody, chemical, enzymes
- 사회 경제학적 요인(social & economic factor)−education, occupation
- 개인 습관(personal habits)−tobacco, drug use, diet, exercise
- 유전적 특성(genetic characteristics)−blood group

2. 역학의 종류

1) 기술역학(descriptive epidemiology)

인간 집단의 질병을 대상으로 그 발생에서부터 종결까지 그대로의 생활을 파악하여 기술하는 것으로서 제 1단계 역학이라고도 한다. 주로 임상의학에서 활용된다. 기술역학에서 가장 큰 비중을 차지하는 것은 지역사회의 건강수준과 질병양상을 기술하는 것이므로 지역사회 건강진단(community diagnosis)이라고 할 수 있다.

2) 분석역학(analysis epidemiology)

기술역학을 통하여 설정된 구체적인 가설(질병 발생의 요인들에 대한 가설)을 설정하여 이를 실제로 관측 조사하여 얻은 자료를 분석하여 이 가설이 옳은지 그른지를 가려내는 것이다. 보통 제 2단계 역학이라고도 한다. 분석 방법에 따라 다음과 같이 구분된다.

(1) 환자-대조군 조사(case-control study)

일명 후향성 또는 기왕조사(retrospective study)라 불리워지며 질병이 있다고 진단된 환자를 대상으로 하는 경우이며, 질병을 가진 환자와 정상인들이 원인이라고 의심되는 요인에 폭로된 정도를 비교하는 방법이다.

(2) 코호트 조사(cohort study)

일명 전향성 조사(prospective study)라고도 하며 건강한 사람을 대상으로 하여 원인이라고 의심되는 요인에 노출된 집단과 노출되지 않은 집단 중에서 그 질병이 발생하는 빈도를 비교하는 방법이다. 원래 코호트(cohort)란 옛날 로마제국의 기병대를 이른 것으로서 즉, 건강한 사람을 대상으로 한다는 점에 그 의의가 있다.

(3) 병력별 전향성 조사

전향성 조사와 후향성 조사(일명 case-control study)의 장점을 택한 것으로, 과거 어느 시점에서 비슷한 특성을 가진 집단을 찾아 그 집단에서의 발병률과 사망률을 분석하는 방법이다.

3) 실험역학(experimental epidemiology)

같은 조건 하에서 인위적으로 두 군(실험군과 대조군)으로 나누어 실험군에는 가설을 검증하기 위한 요인을 작용시키고, 이와 비교하는 대조군을 비교 관찰하는 역학이다. 실험역학의 기본적 기법은 대상 요인을 인위적으로 투여하여 그 영향을 측정하는 것으로서, 원칙적으로 대상 요인 이외의 변수는 실험군과 대조군이 동일하여야 한다.

4) 이론역학(theoretical epidemiology)

모델을 설정하여 통계수학적으로 규명하는 역학이다.

1.2 역사

❑ 1856년 영국의 "존 스노우" 콜레라 유행양상을 기술역학적인 방법으로 규명

영국 런던의 의사이며 역학의 아버지 존 스노우(John Snow)는 한 지역에서 치명적인 질병이 무리지어 나타나는 사실에 주목을 하였다. 스노우는 런던에 콜레라가 유행하고 있던 1848~1849년, 그리고 1853~1854년에 사망자의 발생 장소를 지도상에 표시하여 봄으로써 특정 회사에서 제공한 물 펌프와 콜레라에 의한 사망 사이에 연관 관계가 있음을 발견한다. 환자들과 사망자들이 모두 브로드가 40번가의 한 우물에서 물을 길어다 먹었다는 사실도 발견을 하게 된다. 특히 그는 다른 지역에서의 콜레라에 의한 사망자 수와 비교 분석을 함으로써 연관 관계를 증명하였고 통계를 이용한 증명방법을 최초로 사용하였다.

그러던 와중에 스노우가 1854년 9월 7일 저녁 지역 당국에게 물 펌프의 손잡이를 교체하도록 요구했고 이미 물 펌프의 위생상태를 확인하였던 물 펌프 담당자는 그 다음날 물 펌프의 손잡이를 교체할 뿐만 아니라 물 펌프를 폐쇄시켜 버렸다.

[표] 1854년 영국 런던시의 식수원에 따른 10,000채의 주택 당 콜레라에 의한 사망자 수

식수 공급회사	주택수	사망자수	10,000채 당 사망자수	비고
Southwark & Vauxhall Co.	40,046	1,263	315	테임즈강 하류의 물을 떠다 줌
Lambeth Co.	26,107	98	37	테임즈강 상류의 물을 떠다 줌
Rest of London	256,423	1,422		런던시 나머지 지역

주) 원인은 테임즈강변의 쓰레기로 오염된 곳에 취수원이 위치

❑ 환경오염이 건강에 영향을 미친다는 가장 실증적 사실의 예

- 벨기에 "뮤즈계곡사건(1930)"

  깊이 100 m, 길이 25 km, SO_2, CO, 분진(particulate), 기온역전현상이 3일간 지속, 급성 호흡기 장애, 630명 사망/수천 명 환자 발생

- 미국 펜실베이니아주의 "도노라 사건(1948)"

  기온역전, SO_X, NO_X, $(NH_4)_2SO_4$, 분진, 4일간 지속, 호흡기 질환, 심장병, 17명 사망/도노라시 인구 43% 환자

- 영국의 "런던 스모그 사건(1952)"

  1952년 12월 4일 목요일, 고온 기단(air mass)이 남부 잉글랜드 위로 이동하여, 기온 역전이 생기고 흰 안개가 런던 위에 떨어졌다. 석탄 난방 및 동력 생산 시스템의 과도한 이용 때문에 입자 및 이산화황의 수준이 증가하였고 이 안개는 검게 되기 시작하였다. 고기압 지역이 정체되면서 오염물은 축적되었다. 기류가 없어서 연기가 분산되지 않았기 때문이다. 금요일 아침 일찍 일어난 이들은 아무 것도 볼 수 없었는데, 한 경험자는 흰 셔츠의 목덜미가 20분 안에 거의 검정이 되었다.

  기온역전, 농무형 스모그, 석탄 연료, SO_X, 분진, 4,000명 사망(일주일 이내), 8,000명 사망(한달 내)

1.3 역학조사 역할

- 새로운 질병의 전파기전 확인(역학적 방법을 통해 예방법 밝힘)
- 질병의 자연사(natural history of disease) 결정

- 자연사

(1) 정의: 특정 개인에 있어 시간에 따른 질병의 진전 과정

(2) 단순모형

질병의 과정	병인 · 숙주 · 환경의 상호작용①	병인(자극형성) ②	숙주반응③	질병④	회복 · 사망⑤
예비적 조치	건강증진	특수예방	조기발견 · 조기치료	악화방지 치료	재활
예방차원	1차적 예방		2차적 예방		3차적 예방

- 질병의 생물학적 스펙트럼에 대한 이해: 잠복기의 이해
  - 병인이 유입된 시점부터 질병 발생까지의 기간
  - 질병 발생 시점부터 질병 진단까지의 기간
  - 병인이 유입된 시점부터 질병 발생까지의 기간 + 질병 발생 시점부터 질병 진단까지의 기간
  - 질환의 잠복기

1.4 역학 연구개념

1. 질병발생의 3요인

: 클라아크의 삼원론

① 병인(agent): 질병에 선행해 병을 일으키는 요인

② 숙주(host): 병인에 대한 저항성, 감수성이 있는 개체

③ 환경(environment)

- 숙주요인으로 대장에 용종(polyposis)이 있는 사람은 대장암의 발생가능성이 1000배 높음.
- 관상동맥성심장질환(CHD. Corobnary Heart Disease)은 A형 성격을 지닌 이에게 많다.
  - A형 성격; aggressive(공극적), competitive(경쟁적), ambition(야심적), restless(안절부절)

2. 원인 파이(Casual Pie)로 본 질병발생 기전

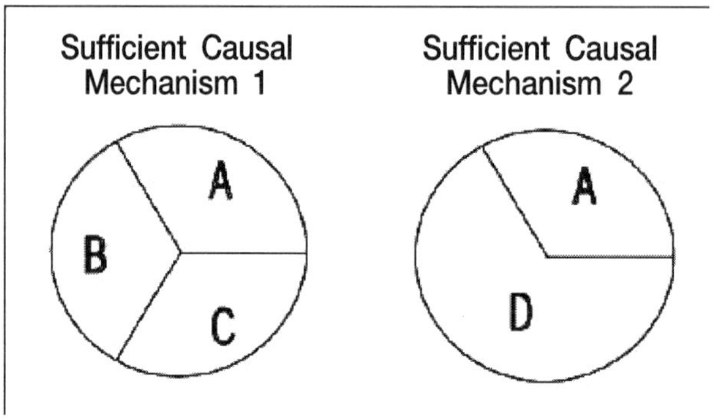

① 원인을 필요원인과 충분원인으로 나타낼 수 있음.

- 필요조건(necessary cause): 특정 노출이 질병발생에 항상 수반되는 경우 – A
- 충분조건(sufficient cause): 특정 노출이 질병발생에 필수적인 요인일 경우 – A,B,C/A,D

② 원인 구조망(causal web)

원인을 계급구조망(**hierarchal web**)에서 직접 원인과 간접 원인으로 분류함.

③ 역학적 3요인(pidemiologic triad)

원인을 병인요인, 숙주요인, 환경요인 간의 상호작용으로 나타냄.

예) 유전적 원인과 환경적 원인 – 노란 정강이병(yellow shank disease)

① 노란 옥수수를 먹은 감수성 있는 닭에게서 발병

② 감수성 있는 집단에 '노란 옥수수를 주기 시작했을 경우': 환경적 원인으로 인식

③ 노란 옥수수를 먹이는 집단에 '감수성 있는 닭을 투입한 경우': 유전적 원인으로 인식

3. 질병의 스펙트럼(Spectrum of Disease)

- 질병발생은 숙주가 병인에 노출된 후 그의 감수성과 면역성에 따라 사건이 종결될 때까지의 연속적인 전 과정을 말한다.
- 잠복기

  모든 질병은 병인에 노출되어 현성 증상이 나타나기까지: 이탈리아의 프라카스토로

☞ 프라카스토로(Girolamo Fracastoro · 1478~1553): 이탈리아의 시인이자 의사. 유명한 의학시(醫學詩) 〈프랑스병에 걸린 시필리스(Syphilis sive morbus gallicus)〉(1530년)를 지었다. 시필리스(매독)라는 병명은 여기에서 유래되었으며, 이 시에는 매독이 성적 접촉에 의해 전파된다는 사실이 처음으로 적혀 있다.

- 질병의 스펙트럼은 빙산(the iceberg)과 같다.
  - 연간 개에게 물려 죽는 사람은 20명뿐이지만, 물린 사람은 400만 명에 달한다.
  - 질병은 임상적 상태와 비임상적 상태로 나뉜다.
  - 질병 정도의 구성은 다양해서 걸리면 모두 죽는 병도 있고, 병원 안 가고도 낫는 병이 있다.
  - 역학연구 시 질병의 비 임상적 상태에 대한 고려가 필요하다. 즉, 임상상태가 '빙산일각'

1.5 역학적 측정결과 표시

1. 위험도(Risk)

- 절대위험도, 상대위험도, 기여위험(attributable risk)

2. 유병률(Prevalence Rate)

- 일정 인구집단에서 특정 질병을 가지고 있는 사람의 비율
- 일정 인구집단에서 한 시점에 어떤 질병에 이환되어 있는 환자의 수가 얼마인가를 표시하는 것

cf.) ▻ 발병률(Attack Rate)
일정 인구집단에서 한 기간에 어떤 질병에 이환된 환자의 수가 얼마인가를 표시하는 것
▻ 발생률(Incidence Rate) = 새로 발생한 사건/위험에 노출된 인구(고정인구, 유동인구)
- 분모가 두 가지: 고정인구, 유동인구

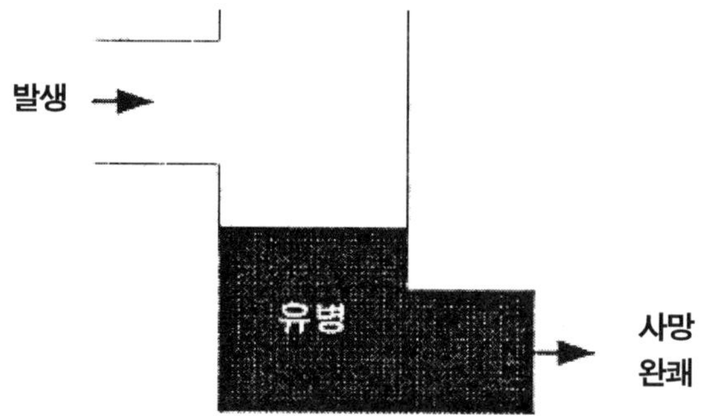

3. 사망률(Mortality Rate)

1) 사망률 산출의 표준화법

- 직접표준화법

두 집단의 사망률을 비교할 때 '연령별 표준인구수'를 택하여 두 집단별로 연령별 표준인구 당 사망자수를 구한 다음 각각 합해주어 두 집단별로 전체 표준인구 당 기대사망자 수를 구하여 비교하는 방법

- 간접표준화법

두 집단의 사망률을 비교할 때 그 중 한 집단의 연령별 사망자수를 알지 못하거나 안다 할지라도 모집단의 인구수가 너무 적은 경우 사용하는 것으로 우선 한 집단의 연령별 사망률을 구한 다음 이 사망률로 다른 미지 집단의 연령별 기대 사망자수를 구하여 비교하는 방법

–표준화 사망비

인구구성의 차이를 없애 비교 가능하게 만든 척도: 비례 사망비(분모를 알 수 없는 경우)

1.6 환경보건역학

1. 연구절차

• 기술역학 → 가설설정 → 분석역학 → 결과해석

2. 가설의 설정방법

1) 차이성 법칙(Method of Difference)

사건이 발생한 집단과 발생하지 않은 집단을 비교할 때 모든 상황은 공통적으로 존재하고 한 가지 상황만 다를 때 이 한 가지 다른 상황을 그 사건 발생의 원인이라고 추정하는 방법

2) 공통성 법칙(Method of Agreement)

조사하는 현상의 두개 혹은 그 이상의 예에서 어떤 단일 상황이 공통적으로 존재할 때 이 상황이 원인일 수 있는 가능성이 있다고 추정하는 방법

3) 동시변화성 법칙(Method of Concomitant Variation)

어떤 사상이 다른 사상의 변동에 따라 변화할 때 이들은 서로 인과관계를 가지고 지니고 있을 가능성이 있다는 가정.

이것은 어떤 사상의 양이 증가할 때 다른 사상의 양도 증가 또는 감소하는 현상 즉, 양-반응 관계(dose-response relationship)를 의미하는 통계적 연관성일 수도 있고 더 나아가서는 어떤 사상의 질과 양을 변화시켰을 때 다른 사상의 질과 양도 따라서 변동하는 역학적 의미에서 인과 관계인 원인적 연관성일 수도 있다. 따라서 원인에 관한 가설검정 중에서 가장 강력한 원인후보가 된다.

4) 유사성 법칙(Method of Analogy)

원인이 알려지지 않은 어떤 질병의 자연사와 병리학적 소견 및 역학적 특성이 이미 원인이 알려진 질병과 비슷할 때는 이 질병의 원인도 잘 알려진 질병의 원인과 비슷할 것이라는 추정방법

3. 가설구성요소 다섯 가지

① 모집단

② 원인

③ 기대효과

④ 용량-반응관계

집단에 대한 위험요인 폭로량을 증가시켰을 때 그 집단의 반응(질병의 발생률이나 사망률)이 변화해 간다. 이때의 양자 관계

⑤ 시간-반응관계(Time-Response Relationship)

집단에 대한 위험요인 폭로시간을 증가시켰을 때 그 집단의 반응(질병의 발생률이나 사망률)이 변화해 간다. 이때의 양자 관계

☞ 용량/시간-반응관계는 결과에 해당

4. 가설의 검정

- 어떤 연구방법을 택할지를 결정하는 것
- 원인이라고 의심되는 변수와 결과라고 생각되는 변수의 실질적인 정의와 이들의 계량방법 및 기준을 세우는 것

☞ 존 스노우의 콜레라 원인: 콜레라 환자의 장 내용물

5. 연구방법

1) 기술역학

- 역학적 변수에 따른 질병의 빈도와 분포를 기술하여 역학적 가설 설정을 위한 실마리를 제공
- 상관연구(correlational research)

  둘 또는 그 이상의 변인들 간의 관계 정도와 방향성에 초점을 맞추어 진행되는 연구
- 사례보고 및 사례군보고
- 단면연구(cross-sectional research)

현재시점의 상태를 조사하여 변수에 따른 현황파악이나 변수 간의 상관성 연구

2) 분석역학

기술역학 연구결과 제기된 가설을 구체화하여 가설검정을 통하여 인과관계를 밝힌다.

-코호트연구

-환자-대조군연구

3) 역학연구 설계에서의 실험연구

-임상시험

-지역사회 주민시험

-건강주민시험

4) 대기오염노출의 급성영향을 연구하기 위해 가장 효과적으로 이용되는 연구

• 시계열 연구(時系列分析, time series research)

-시계열 데이터에 바탕을 둔 분석방법.

-연구목적에 따라 특정한 원인에 의거하여 나타나는 변동부분만을 분리하여 추출하거나 또는 소거(消去)하는 연구

-경기변동 등의 연구에 많이 사용되고 있다. 통계숫자를 시간의 흐름에 따라 일정한 간격마다 기록한 통계계열을 시계열 데이터라고 하며, 이 계열의 시간적 변화에는 여러 원인에 기인한 변동이 포함되어 있다.

-돌연적인 사건을 원인으로 하는 것(우연변동 또는 불규칙변동), 해마다 똑같이 되풀이되는 계절변동, 또한 오랜 세월에 걸쳐 추세적(趨勢的)으로 나타나는 구조변동, 1년 이상의 장기간에 걸쳐 규칙적으로 반복되는 순환변동 등이 있는데, 이들 변동이 복잡하게 혼합되어 하나의 시계열 데이터를 이루고 있다.

6. 환경보건역학 연구단계

• 초기평가 → 사례확인 → 가능성연구 → 병인론적 조사

7. 집단 발병 시 보건당국의 역할

-책임소재

-자문위원회 구성

-수행방법의 설정

CHAPTER 2

환경과 생태

2.1 인간과 환경

1. 환경의 정의

- 주체를 둘러싸고 있는 객체, 사물
- 생물을 둘러싸고 있는 외위 가운데 생물의 생활에 영향을 미치는 모든 것.
- 생물이 생활을 영위하는 공간

• 사람을 중심으로 본 환경이란 인간 및 인간 활동을 둘러싸고 있는 주위의 상태

2. 인간주위의 환경

환경
- 자연환경
  - (1) 물리화학적 환경: 공기, 물, 소리, 토지, 빛
  - (2) 생물학적 환경: 생명체(미생물, 식물, 동물)
- 사회환경
  - (1) 인위적 환경: 도시편의 구조시설, 주거시설, 댐 및 저수지 등
  - (2) 사회적 환경: 정치, 경제, 종교, 교육, 인구 등

3. 환경과 인간의 관계

"인간의 생명활동은 환경과의 상호작용을 통해서 이루어진다.": 클레망 등

"쌍방 개체군 생존을 위해서 갖는 상호부조(相互扶助, interdependence))의 특성이 있다.": 베리코모너 등

4. 상호작용 비판

자연환경: 인구증가 제한, 인간활동 영역과 형태를 제약

↑↓ * 균형화

인간: 자연계의 형태와 속성을 변화시킴(:인구증가, 기업활동 급증, 환경파괴, 오염)

인위적 환경: 인간으로 하여금 그 환경에 적용하도록 제약하는 역할

↑↓ * 불균형화

인간: 인간상호간 경쟁을 유발하는 인간의 본성으로 각종 환경오염 유발

사회환경: 인간과 인간, 인간과 환경, 환경과 환경 사이에서 마찰과 분화가 일어나지 아니하도록 조정, 억제

↑↓ * 가장 불균형화

인간: 인간 집단의 욕구에 의해 생성되는 비인간화

2.2 환경오염

1. 환경오염의 원인

❑ **인구증가**(increase of human population)

2차 대전까지 대국의 기준, 국력의 크기로 평가

❑ **산업화**(industraliization)

산업혁명 이후 200년 동안 국가의 부와 번영의 상징

❑ 도시화(urbanization)

문명의 보금자리, 풍요와 안녕의 기름진 땅

2. 지구 환경오염 현황

❑ 오존(O_3)층의 파괴로 인한 Skin Cancer 다발

- 원인물질: 염화불화탄소(CFC), HC, CO, NOx etc.
- 1987년 몬트리올(몽레알) 협약에서 CFC사용제한 및 금지

❑ 지구 온난화 현상

- 지구기온: 과거 2만년 동안 4℃ 상승, 최근 100년 동안 0.5℃ 상승→ 해수면 수위 15 cm 상승
- 향후 2100년까지 기온이 2℃ 상승하면 해수면은 47 cm 더 높아질 것으로 예측 (지금 상태라면 서울시 전체가 물에 잠김)
- CO_2 배출량 증가에 의한 Green House Effect 현상

❑ 산성비(Acid Rain)

- pH 5.6 이하의 강수(한국 연 평균 4.7~6.4 범위)
- 토양의 산성화에 따른 영양염류의 용탈 및 토양미생물의 사멸
- 삼림의 고사 및 쇠퇴 현상
- 호소수의 산성화로 인한 어패류의 감소
- 산성비에 의한 건축물 및 미술품의 부식 및 파괴

❑ 사막화 현상

- 연간 56,000 km^2의 삼림, 초원, 농토가 사막화되고 있음
- 지구 표면의 25% 이상이 사막화 됨.
- 세계인구의 12%가 영향권 내에 있음.

❑ 기상이변

- Elnino현상과 Lanino현상

❑ 스모그 현상

- 자동차 배기가스가 주원인(도시 대기오염물질 약 60%가 자동차 배기가스)

3. WHO에서 정한 환경보건의 제 영역

* 방사선방어	* 소음제어	* 유해곤충 · 서족(鼠族)관리	* 감염증 대책
* AIDS 대책	* 대기오염방지	* 급수위생	* 폐수처리
* 수질오염방지	* 고형폐기물 처리	* 식품위생	* 토양오염방지
* 거주공간관리	* 도시계획 · 지역계획	* 공수 · 해상 · 육상수송 사고방지	
* 레크리에이션 · 관광여행		* 작업보건	
* 전염병의 유행, 돌발사고, 재해, 이민시의 위생조치			

4. 21세기의 주요 환경보건 문제

- 지구의 기후이변과 그 영향(Global climate change & its effect)
- 지속가능한 개발과 환경보건(Sustainable development & environmental health)
- 건강 위해성 평가관리(Health risk assessment & management)
- 내분비장애물질에 대한 건강평가(Health effects to endocrine disruptor compounds)
- 전자파에 의한 인체 영향(Health effects to electronic magnetic field)
- 저준위 자연방사선에 의한 인체 영향(Health effect to low dose radiation)
- 미생물에 의한 인체 영향(Microbial health effect): 재만연 전염병
- 유전자조작 식품(Genetically modified organism: GMO)
- 광우병(Bovine spongiform encephalopathy: BSE)

2.3 인간과 생태

인간이 생명체이므로 우리 주위를 둘러싸고 있는 환경을 생명이 있는 객체로 이해하는 것이 중요하다. 여기에 생태학 연구의 중요성이 있다.

1. 생태학 어원

생태학의 영어 표현이 Ecology이다. 이 단어는 그리이스어의 oikos(집)와 logos(가정, 학문) 합성어이다. 웹스터 대사전에서는 생태학을 "생명을 가진 그 환경관계의 모든 것"으로 정의하고 있다.

서양에서는 1858년 소로우(Thoreau)가 아무런 정의없이 Ecology란 용어를 사용하기 시작한 이래로 1969년 핵켈(Haeckel)이 Ecology를 유기적 환경과 무기적 환경에 대한 동물의 총체적인 관계를 취급하는 학문으로 정의하였다. 우리나라에서는 1895년 우리나라에 와 있었던 일본 식물학자 미요시마나부(三好學)가 Planzenbiology를 식물생태학이라고 처음 소개하였고 현재, 이것이 Ecology를 지칭하는 말로써 확정적으로 사용되고 있다.

오늘날 생태학은 biogeocoenosis로 불리우기도 하는데 이 말뜻은 생물공동체(biocoenosis)로서 생명체와 지구가 상호작용 한다는 것이고 현재, 유럽 및 러시아에서 흔히 사용되고 있다. 대체로 군집, 생태계와 같은 뜻의 것으로 이해한다.

2. 생태학 영역

생태학은 생리학, 유전학, 조직학, 발생학, 세포학, 미생물학, 동물학, 식물학 등과 구별되는 생물학의 한 분야이고 보통 개체(individual), 개체군(population), 군집(community) 등 개체 이상의 수준을 연구 대상으로 삼고 있다. 권역별로 주로, 생물권(biosphere)과 생태권(ecosphere)으로 나누어 연구하는데 생물권이 생물의 정적 상태의 것이라 한다면 생태권은 생물의 동적 상태의 것이라고 할 수 있다. 그리고 이 두 권역 모두 총체적인 물리적 환경과 상호작용하고 있는 지구상의 살아있는 모든 생물을 포함하는 대체로 자급자족적인 생태계(ecosystem)로 취급한다. 이 자급자족적 생태계는 항상상태(homeostasis state)와 창출특성(emergent properties)의 두 가지 중요한 원리를 지니고 있는데 항상상태란 자가 조절적 평형상태로서 적어도 작은 규모의 변동에 대해서는 비교적 영향을 받지 않는 균형 상태를 의미하며 창출특성이라 함은 생태계의 계층적 체제의 중요한 결과로서 생태계의 구성부분 또는 하부단위(subsets)가 결합되어 보다 큰 기능적인 합일체를 생성함에 따라 하부 수준에서는 존재하지 않았던 새로운 특성들이 나타나는 것을 의미한다. 이 이론은 1954년 화이블만(Feibleman)이 정립하였고 1979년 살츠의 이론(Salt's theory)으로 발전하였는데 살츠 이론의 핵심은 기존의 창출적 특성으로부터 구성부분 형태의 합계인 집합적 특성(collective properties)을 구분해내야 한다는 것이다.

3. 생태계

생물이 생명을 유지하는 것은 본능이다. 생물은 그의 본능적 생명유지를 대사작용(metabolism)을 통해서 이룬다. 이 대사작용은 먹이를 이용하여 그들 생세포 영양체로 만드는 동화작용(catabolism)과 동화작용을 이룰 수 있도록 에너지를 공급하는 이화작용(anabolism)으로 구분되어 수행된다. 동화작용은 유기물로부터 환원된 탄소를 탄소원으로 하는 종속영양계(heterotroph)의 것과 CO_2를 유일한 탄소원으로 하는 독립영양계(autotroph)의 것으로 나뉘고 이화작용은 에너지를 화학적 산화, 환원으로부터 획득하는 화학영양계(chemotroph)의 것과 빛으로부터 획득하는 광영양계(photoproph)의 것으로 나뉜다. 이와 같이 생물은 그들 주변에 있는 물질과 불가분의 관계를 유지하면서 그들 생명을 유지한다. 그러므로 1935년 아더 탠슬리(Arthur Tansley)는 생태계(ecosystem)를 "어떤 지역의 생물공동체와 이것을 유지하고 있는 무기적 환경이 종합된 물질계"로 정의하였고 이 정의는 지금까지 설파되어 온 것들 중에서 가장 유력한 것으로 평가받고 있다.

1) 생태계 구성

생물이 생체 조직으로서 기관, 세포, 유전자로 구성되어 있고 생태계가 생물, 생물군으로 구성되어 있으므로 생태계의 구성단계를 다음과 같이 나타낼 수 있다.

생물학적 인자	유전자 →	세포 →	기관 →	생체 →	생물군 →	생물군집
+	↑↓	↑↓	↑↓	↑↓	↑↓	↑↓
무생물학적 인자	물질	물질	물질	물질	물질	물질
‖	‖	‖	‖	‖	‖	‖
생물계	유전계	세포계	기관계	생체계	생물계	생태계

웹스터 대사전에서 생태학을 "생명을 가진 그 환경관계의 모든 것"으로 정의하고 있는바 대로 유전자 이상의 생물학적 인자를 생물로 다룰 경우 유전계, 세포계, 기관계, 생체계, 생물계 모두 생태계로 간주할 수 있다.

2) 생태계 원리

생물개체는 그들 주변의 물리적이고 화학적인 환경을 그들의 생명 요구에 부합시킨다. 이 생명 요구가 자연계에서의 생산과 분해를 이룬다. 자연생태계에서 1차 생산을 수행하는 생물이 녹색식물이다. 녹색식물이 1년에 약 10^7톤의 유기물을 광합성작용으로 생산한 이후 생산된 유기물은 일련의 먹이사슬을 통하여 상위 단계로 이동한다. 이동된 유기물은 영양구조의 생태계 피라미드를 구성하는데 생태계 피라미드가 ① 개체수 피라미드 ② 생체량 피라미드 ③ 에너지 피라미드로 나타난다.

생태계에서는 물리적 또는 생물적 작용에 의한 입상의 생물찌꺼기가 생성되는 분해의 특징을 지닌다. 부식자(saprovore)에 의해 비교적 빠르게 진행되는 부식(humification) 또는 가용성(可溶性) 유기물의 배출 그리고 부식이 느린 부영양화(eutrophication)가 나타나고 이러한 과정에서 생물사이의 상호억제물질(allerophatic substance)이 생성되기도 한다. 분해는 비생물적 과정과 생물적 과정의 산물인 바 독립영양계 미생물과 부생영양적 생물(토양 진드기, 톡톡이류, 달팽이, 지렁이 등)이 죽은 생물체에 작용한다. 그리고 생물체와 생물체 사이의 에너지 변환을 통해서 발생하는데 주요 작용이 생화학적 효소촉매작용이다. 이러한 분해는 분해생물개체군(부생영양적 생물군)의 연속작용으로 이루어진다.

생태계는 변화에 저항하여 평형상태를 유지해 나가려는 경향이 있는 바 이를 생태계의 항상성(homeostasis of ecosystem)이라 한다. 이 항상성은 생물 개체군 또는 여러 생물 개체군들의 자기 보존이나 자기 조절력에 기인한다. 이 자기 조절력을 다음의 항상 기구(control system)로 설명할 수 있는데 생물과 무생물의 조절기구로서 인공두뇌학(cybernetics)의 기본원리가 되기도 한다.

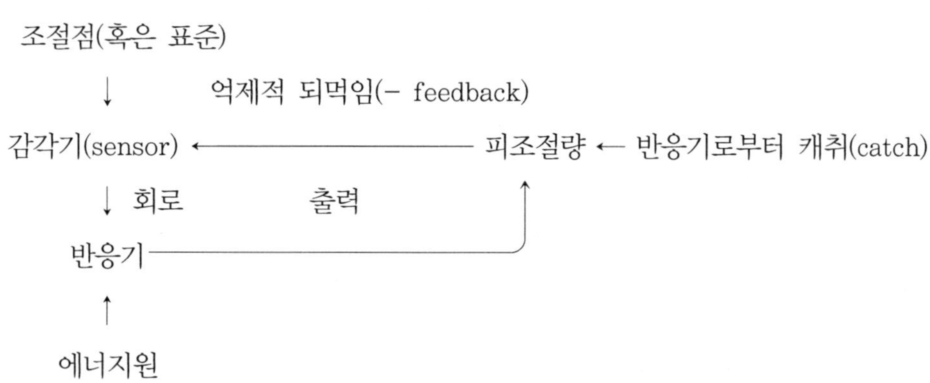

생태계는 변화에 저항하여 그 구조와 기능을 그대로 유지하는 능력과 교란된 질서를 회복할 수 있는 능력을 지니고 있는데 전자를 저항 안정성(registance stability)이라 하고 후자를 탄력 안정성(elasticity stability)이라 한다. 예를 들어 기후적으로 온화한 환경에 있는 생태계는 저항 안정성이 크고 탄력 안정성이 적다.

3) 생태계 특징

❑ 구성요소 특징

영양적 입장에서 생태계를 볼 경우 생태계는 독립영양생물과 종속영양생물로 구성되어 있다. 구조적인 면에서는 생물적 요소와 비 생물적 요소로 구성되어 있는데 생물적 요소가 생산자(producer: 독립영양계 생물), 대형소비자(macro consumer) · 섭식영양자(phagotrophic organism), 미세소비자(micro consumer) · 부생영양자(saprotrophic organism), 침투영양자(osmotrophc organism: 미생물)이고 비 생물적 요소가 C, N, CO_2, H_2O 등과 같은 순환 무기물, 기온 · 기습 · 기후 등과 같은 기후조건 그리고 생물과 비생물 영역을 연결하는 단백질(protein) · 탄수화물(carbonhydrate) · 지질(lipid)같은 유기물이다.

❑ 기능적 특징

외부로 나타나는 특징으로 다음과 같은 것들이 있다.

• 에너지 회로(energy circuit)

생태계에서는 "에너지는 한 형태에서 다른 형태로 변화할 수 있으나 생성되거나 소멸되지 않는다"의 에너지 보전법칙이 그대로 적용된다. 이 에너지 보존법칙이 태양 에너지 → 생화학 에너지 → 운동 에너지의 에너지 흐름으로 설명되고 이 에너지 흐름이 이른바 생태 효율(ecological efficiency)로 표현되는데 생태 효율을 구하는 식이 다음과 같다.

$$\text{효율, \%} = \frac{\text{현 단계 생물에 옮겨진 에너지량}}{\text{전 단계 생물이 지닌 에너지량}} \times 100$$

• 먹이연쇄(food chain)

제 1단계 녹색식물로부터 마지막 단계 인간에 이르기까지 먹이의 이동 단계를 나타내는 것으로서 각 단계를 거칠 때마다 영양을 나타내는 생물에너지가 약 10배 정도로 농축된다.

• 영양의 생물지구화학적 순환(biogeochemical circulation of nutrients)

주로 생물이 주체가 되는 먹이 이동단계를 통하여 영양물질들이 지구 생태계에서 하나의 생물화학적 순환양상을 보인다.

㉮ 구획(pool)별 순환 특징

이 순환은 비생물적 구성요소가 순환하는 저장 구획과 생물적 구성요소가 인접 환경과의 사이에서 보다 활동적으로 순환하는 교환 구획으로 나뉜다.

㉯ 두 가지 기본형

N, C, O_2 등의 순환에서 볼 수 있듯이 저장 구획이 대기권 또는 수권인 형태와 P, S 등이 지각을 저장 구획으로 하고 있는 형태로 나뉜다.

• 시간, 공간의 다양성(time and spatial diversity)

한 생태계에 속하는 모든 생물과 무생물들의 상호작용에 관한 다양성이 시간과 공간에 따라 여러 가지 생태분포로 나타난다.

• 발달과 진화(development and evolution)

생물은 새로운 환경에서 생리적 발달을 통하여 진화 종으로 되고 이에 따라 생태계도 발달·진화한다.

• 제어(control)

생물 개체군(population) 수가 날씨, 오염 등과 같은 물리적 요인에 의하여 조절되고 물리적 압박을 받지 않는 개체군은 생물적 통제를 받는다. 이 생물적 통제가 앨리의 원리(principle of Allee)로 설명되는데 ㉮ 서식지의 고유 성질, 기후, 기타 물리적 요인, 종의 특징적 번식 양식, 사회성에 의하여 개체군은 집단화를 이루고 ㉯ 집단화는 영양영류, 먹이, 서식 공간 확보 등에 대하여 경쟁을 증가시키며 ㉰ 집합 정도는 최적 개체군 성장과 생존을 이루도록 전체 밀도에 대하여 최적 밀도를 이루고 ㉱ 집합의 과밀에 의하여 개체군 성장과 생존이 제한 받듯이 집합의 과부족도 제한 요인이 되어 생태계 스스로 제어된다.

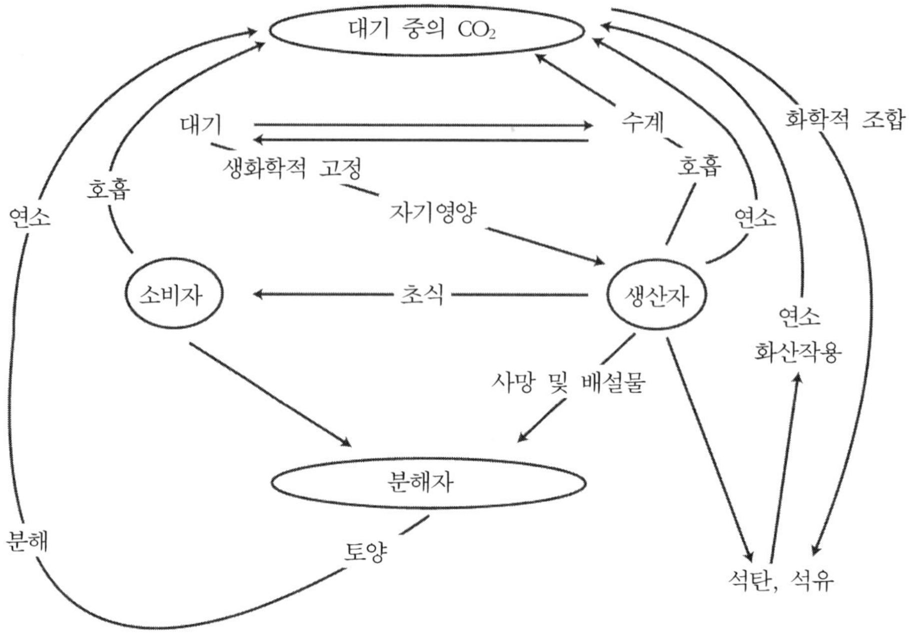

[그림] 탄소의 생물지구화학적 순환

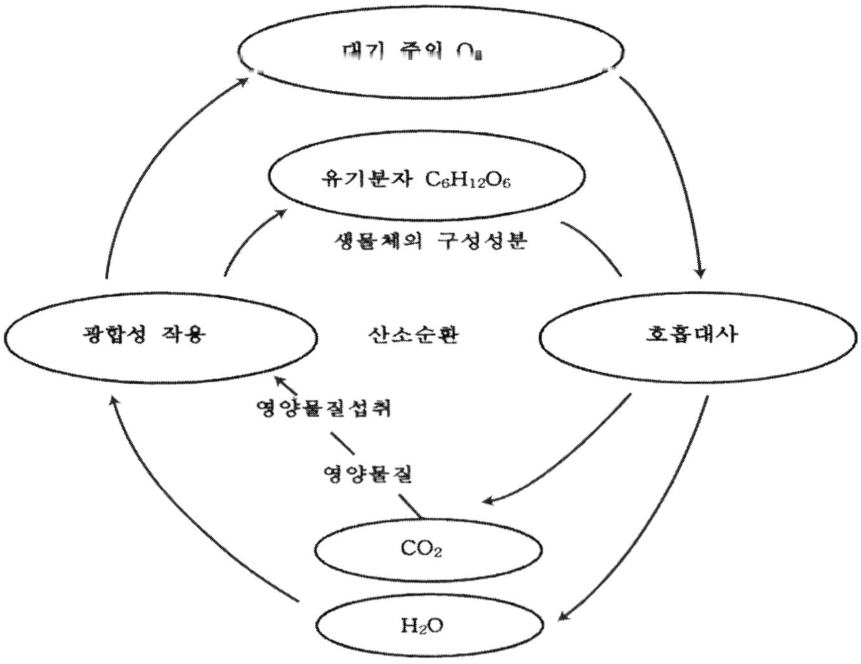

[그림] 산소의 생물화학적 순환

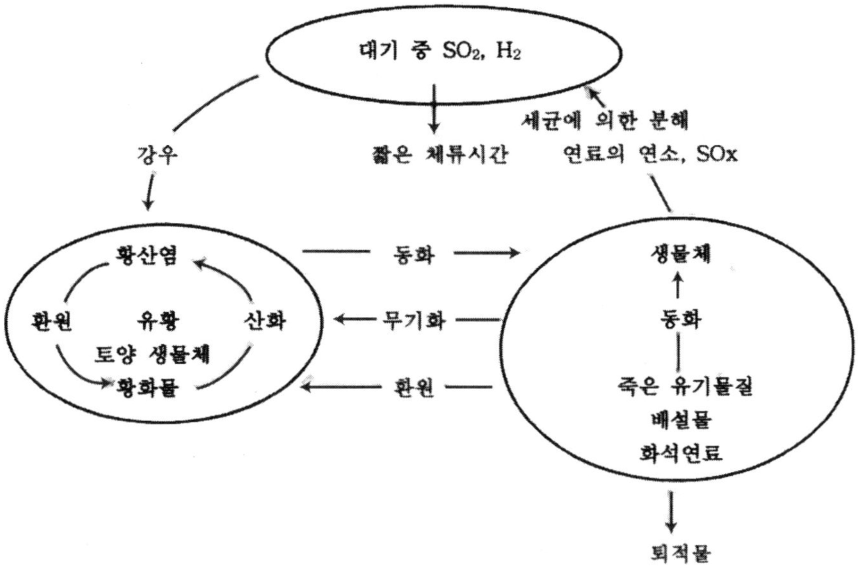

[그림] 유황의 생물지구화학적 순환

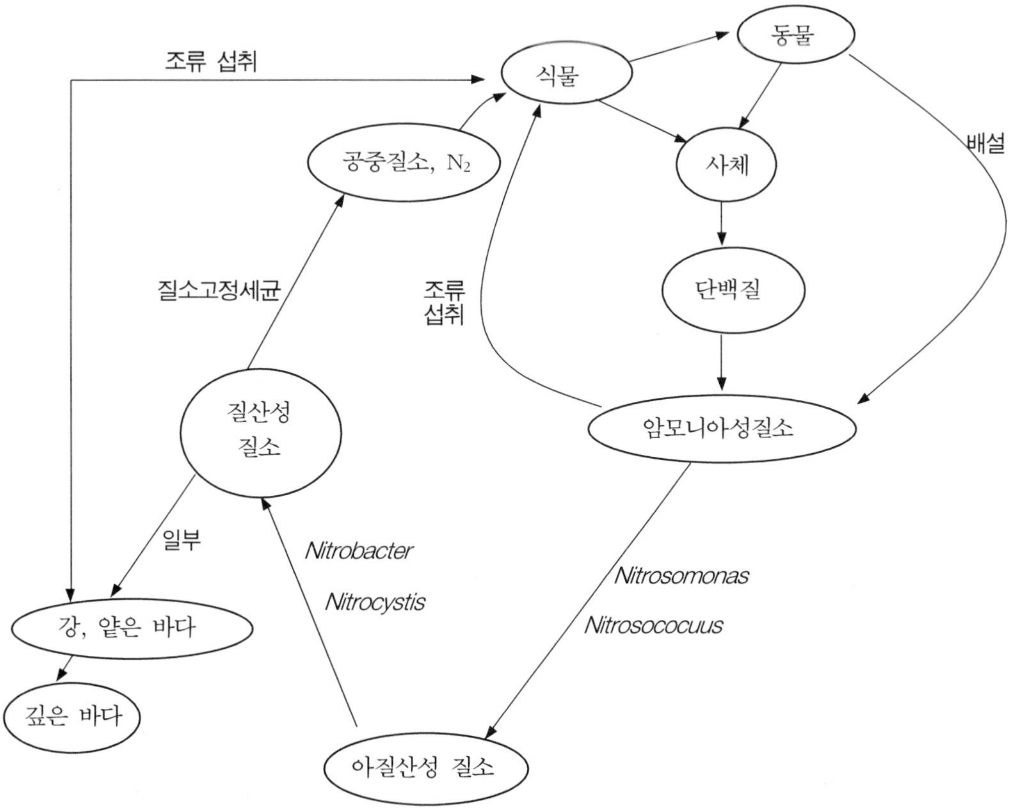

[그림] 질소의 생물지구화학적 순환

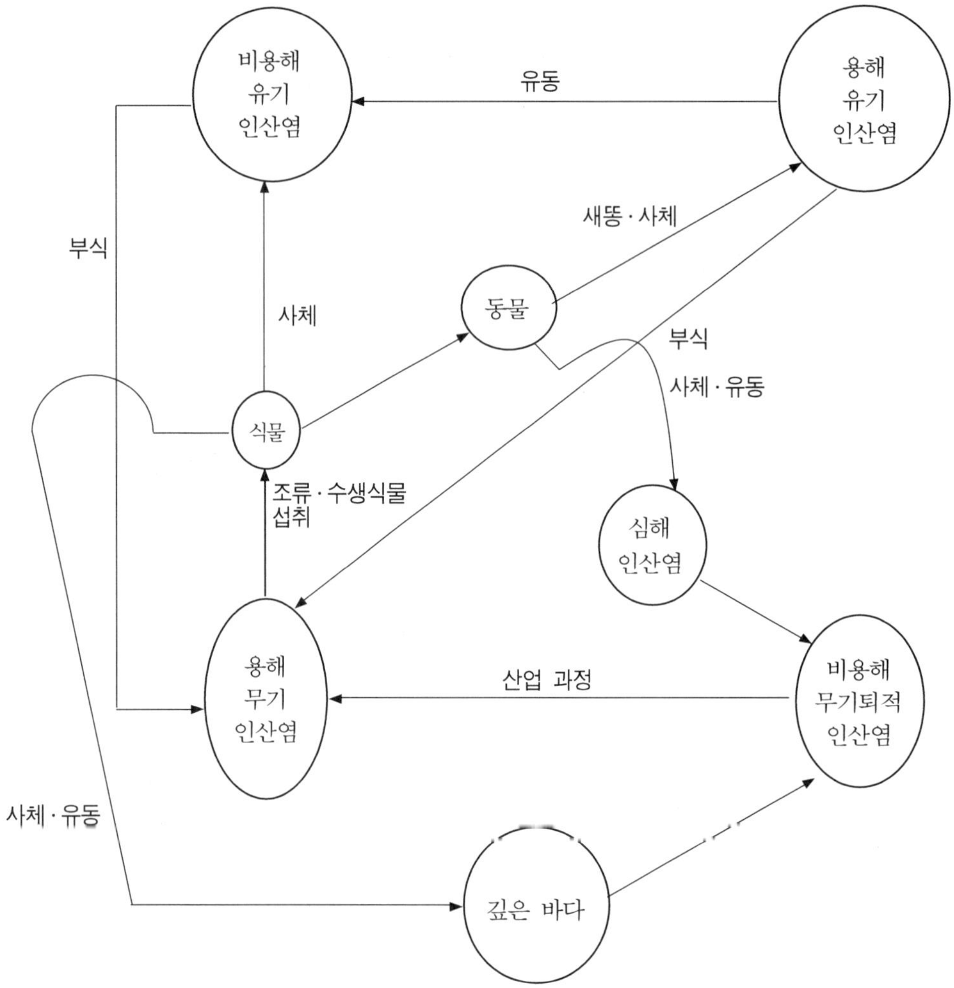

[그림] 인의 생물지구화학적 순환

2.4 환경적으로 건전하고 지속적인 개발

근래 100여년 전부터 우리에게 닥쳐왔던 불행한 사건들: 그것들은 우리 인간환경의 비극적 오염 상황이 지루하게 계속되고 있었던 동서이념의 양극 체제 하에서도 인류는 현명함을 잃지 않았던 것이다. 지난 1972년 스웨덴 스톡홀름에서 개최되었던 유엔 인간환경회의가 바로 그 증거가 된다.

이 인간환경회의는 인간환경의 보전과 개선을 위하여 전 세계에 그 시사와 지침을 부여하는 공통의 원칙이었다. 동 년 아프리카 케냐에는 환경분야에 있어서 국제협력을 촉진하기 위하여 국제연합 총회 산하에 환경관련 종합조정기관으로서 국제연합환경계획(United Nations Environment Program) 기구가 설치되었는데 이 기구의 주요 활동은 인구증가, 도시화, 환경과 자원에 관한 영향분석 및 환경생태에 대한 연례보고서를 작성하는 것이었다. 이 기구에서 발표되었던 나이로비 선언은 인간본연의 자세에서 출발하였던 스웨덴 스톡홀름 선언을 그 바탕으로 하고 있으며 이 선언은 토양침식, 사막화, 동물남획, 산림채벌 등으로 지구의 생명보호능력이 돌이킬 수 없이 저하되고 있다는 인식을 바탕으로 기본적인 생태학적 작용 · 생명보호체계 · 생물 종의 다양성 유지를 주목적으로 하고 있는 지난 1980년의 '세계환경보전전략'이라는 구체적 행동계획을 낳고 있다. 이러한 인류의 '인간환경의 보전과 개선'을 위한 일련의 행동들은 지난 1992년 브라질 리오데자네이로에서의 '환경과 개발을 위한 국제연합 회의'로 연결되었다.

이 브라질 리오데자네이로에서의 '환경과 개발을 위한 국제연합 회의'가 우리 인류에게 가져다 주는 의미가 아주 중요하다. 그 만큼 지구촌 전체 나라의 대표들이 거의 참석하였을 뿐만 아니라 비정부기구(NGO, non-government organization) 대표들도 거의 총 망라하여 참석하였던 우리 인류사의 획기적인 사건이었기 때문에 그러하고 앞으로 우리 인류 자손들이 영원히 살아가야 할 지구에서의 '인간환경의 보전과 개선'이 절대적으로 필요하기 때문에 더욱 그러하다. 이 브라질 리오데자네이로의 '환경과 개발을 위한 국제연합회의'는 'EARTH SUMMIT'로 불리우는 리우선언(Rio Declaration)을 낳았고 이 선언에는 행동강령으로서 의제 21(Agenda 21)을 담고 있는 바 이 의제 21은 오늘날의 지구 환경문제와 개발문제를 분석하여 지속가능하게 발전할 수 있는 사회로 만들어 인류의 삶을 향상시켜 누구든지 안락한 삶을 영위할 수 있도록 하기 위하여 고안되었다. 이제 정 정당당히 국제연합의 정 회원국이 된 우리나라는 앞으로 선진국으로 더욱 도약하기 위해서 이 의제 21의 엄격한 수행이 절대적으로 필요하다. 아니 우리 인류의 생존 차원에서 이 의제 21의 엄격한 수행이 절대적으로 필요하다. 그리고 이 사항들은 브라질 리오데자네이로의 '환경과 개발을 위한 국제연합회의'의 주요 주제인 '환경과 지속적인 개발'의 이념아래 수립되었고 이 이념이 이른바, '환경적으로 건전하고 지속적인 개발(ESSD, ENVIRONMENTALLY SOUND AND SUSTAINABLE DEVELOPMENT)'로 불리우는 것으로부터 탐색될 수 있다.

환경적으로 건전하고 지속적인 개발(ESSD)

⇓

환경 질
생태계 용량
자연자원 등

⇓

환경 지속성

경제적 지속성, 사회적 지속성 ⇐ 문화, 역사,
지역사회 응집력,
특정 집단 사이에서 오랫동안
존재해 온 제도, 박애정신 등

⇙ ⇓ ⇘

신체 정신 사회 안녕

⇓

건강

[그림] 지속성과 건강사이의 종합적 관계

CHAPTER 3 환경신기술평가제도

3.1 환경기술평가제도 개요

1. 환경기술평가의 목적

국가에서 환경기술을 평가하여 우수한 기술에 대해서는 신기술로 지정하여 줌으로써 기술사용자는 신기술을 믿고 사용할 수 있으며, 기술개발자는 개발된 기술을 현장에 신속하게 보급할 수 있게 하여, 신기술 개발 촉진 및 환경산업 육성에 기여

2. 추진경위

- 선진국 환경신기술 평가제도 조사('97.9)
  - 미국, 캐나다, 일본, 유럽 등
- 국내 신기술지정제도 분석
  - KT(과학기술부), NT(산업자원부), 건설신기술
- 환경기술평가업무규정 제정(환경부 훈령, '97. 12.)
  - 환경신기술 검증업무를 수행에 있어서 필요한 사항과 제반절차를 정함
  - 환경기술평가기관 지정: 환경관리공단('97. 10.)
- 2000. 2. 3: 법적 근거 마련(환경기술개발 및 지원에 관한 법률 개정
  - 시행령 및 시행규칙 개정('00. 8)

※ 기존의 현장평가 위주의 환경기술검증제도에 서류심사위주의 환경신기술 지정제도 도입

- 평가제도 개선: 5회
  - 그간 제도를 운영하면서 나타난 문제점을 보완

3. 미검증 된 외국 환경기술 적용실패 사례

- RDF(쓰레기 추출 연료화)기술
  - 난지도 매립장내 덴마크(I.Kruger) 기술 도입, 시설 설치
  - 국내 쓰레기 성상은 수분이 많아 연료화가 어렵고, 쓰레기 중의 철사 등 사전분리시설 미설치, RDF 제품 전용 소각로 미확보 등
- 유동상 소각기술
  - 가연성 도시쓰레기를 소각시키기 위하여 IBRD 차관사업으로 일본기술을 도입, 성남 쓰레기 소각장 설치
  - 대형폐기물 파쇄시설 미설치, 금속 및 철사, 도자기 등 무기성물질 사전 분리시설이 미설치 되어 잦은 고장 발생

4. 환경기술평가제도 역할

❑ 기술개발자 및 기술사용자 매개체 역할

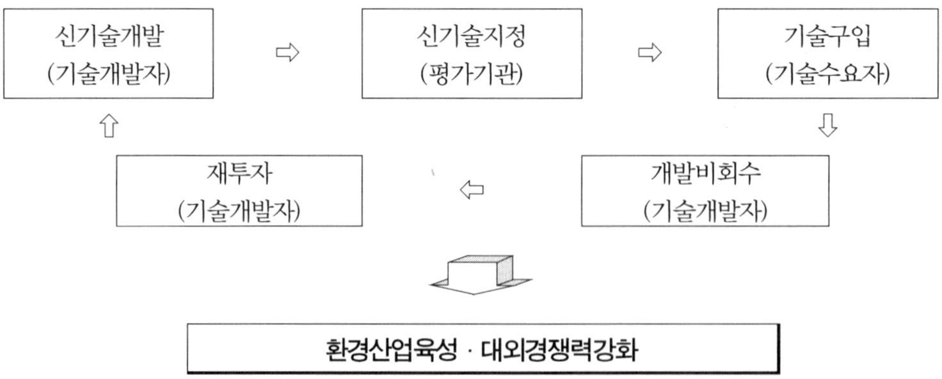

5. 외국의 환경기술평가 제도

국가명	내 용
캐나다	- 도입배경: 신기술개발 및 보급의 활성화, 지방정부간 환경시설설치 허가권 - 제3의 독립기관인 ETV Canada Inc.에서 검증 업무총괄 - 검증절차: 사전심사, 신청서검토, 현장검증, 종합평가 - 평가기간: 6개월(검증기간), 현장평가기관 별도지정 후 수행 - 평가기술: 환경보전 및 환경현안문제해결을 위한 환경시설(제품),공정기술
미국	- 세계환경기술 및 환경산업 주도권 확보, 자국환경기술진흥 및 환경시장육성 - 평가기관: USEPA(미 환경보호청) - 검증절차: 신청서검토, 현장검증, 종합평가 - 평가기간: 15개월(검증기간) - 평가기술: P2기술, 기후변화관련기술, 음용수, 대기오염, 실내공기, 모니터링
일본	- 평가기관: 일본하수도사업단(수처리분야), (재)폐기물연구재단(폐기물분야) (재)일본하수도신기술추진기구(하수관거분야) - 평가절차: 사전심사, 본심사, 현장시험 및 평가 - 평가기간: 6개월, 공동연구(1~3년) - 평가기술: 하수처리기술, 하수관거, 폐기물처리기술 등

3.2 평가종류 및 운영체계

1. 환경기술평가 관련 근거

- 환경기술개발 및 지원에 관한 법률 제7조(환경기술평가)
- 환경기술평가절차 및 평가기준 등에 관한 규정(환경부고시 제2004-02호)

2. 환경신기술평가 종류

- **서류심사에 의한 환경신기술지정**
  - 기술개발과정에서 실험분석 자료가가 많은 경우
  - 신청자가 제출한 신청서와 현장조사를 통하여 환경신기술지정을 받음
  - **환경신기술지정서** 발급(환경부장관)

- **환경기술검증을 통한 환경신기술지정**
  - 실험 분석자료가 많이 있어도 제3자에게 평가받아 성능을 인정받고자 할 때

- 신청자가 제시한 기술의 신규성, 우수성을 현장평가기관의 현장검증을 통하여 환경신기술을 검증 받음.
- **환경신기술지정서 · 환경기술검증서** 발급(환경부장관), **환경기술검증보고서** 발행(환경관리공단)

  ※ 기술의 성능을 단순 검증받는 환경기술검증도 있음.

- 국산기존기술 또는 외국기술에 대해 기술의 성능을 단순검증 받는 환경기술검증
- **환경기술검증서**(환경부장관), **환경기술검증보고서**(환경관리공단)

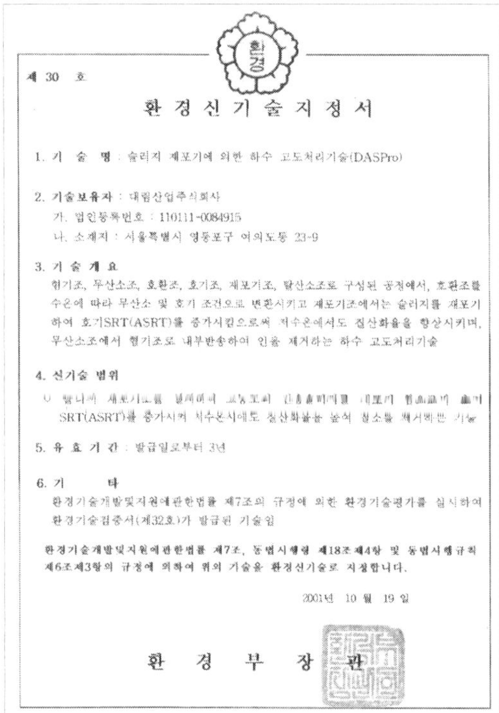

제 30 호

환 경 신 기 술 지 정 서

1. 기 술 명 : 슬러지 재포기에 의한 하수 고도처리기술(DASPro)

2. 기술보유자 : 대림산업주식회사
   가. 법인등록번호 : 110111-0084915
   나. 소재지 : 서울특별시 영등포구 여의도동 23-9

3. 기 술 개 요
   혐기조, 무산소조, 호환조, 호기조, 재포기조, 탈산소조로 구성된 공정에서, 호환조를 수온에 따라 무산소 및 호기 조건으로 변환시키고 재포기조에서는 슬러지를 재포기하여 호기SRT(ASRT)를 증가시킴으로써 저수온에서도 질산화율을 향상시키며, 무산소조에서 혐기조로 내부반송하여 인을 제거하는 하수 고도처리기술

4. 신기술 범위
   SRT(ASRT)를 증가시켜 저수온시에도 질산화율을 높여 질소를 제거하는 기술

5. 유 효 기 간 : 발급일로부터 3년

6. 기 타
   환경기술개발및지원에관한법률 제7조의 규정에 의한 환경기술평가를 실시하여 환경기술검증서(제32호)가 발급된 기술임

환경기술개발및지원에관한법률 제7조, 동법시행령 제18조제4항 및 동법시행규칙 제6조제3항의 규정에 의하여 위의 기술을 환경신기술로 지정합니다.

2001년 10 월 19 일

환 경 부 장 관

제 32 호

환 경 기 술 검 증 서

기 술 명	슬러지 재포기에 의한 하수 고도처리기술(DASPro)		
기술보유자	성명(법인명)	대림산업주식회사	주민등록번호(법인등록번호) 110111-0084915
	주소	서울특별시 영등포구 여의도동 23-9	

검증내용

기술개요: 혐기조, 무산소조, 호환조, 호기조, 재포기조, 탈산소조로 구성된 공정에서, 호환조를 수온에 따라 무산소 및 호기 조건으로 변환시키고 재포기조에서는 슬러지를 재포기하여 호기SRT(ASRT)를 증가시킴으로써 저수온에서도 질산화율을 향상시키며, 무산소조에서 혐기조로 내부반송하여 인을 제거하는 하수 고도처리기술

검증결과:
- ㅇ 유입처리량 : 55.6(51.6~61.0)m³/일
- ㅇ 공정 구성
  유입 → 혐기조#1,#2 → 무산소조#1,#2 → 호환조(호기/무산조) → 호기조 → 침전조 → (재포기조→탈산소조→무산소조#1) → 방류
- ㅇ 처리성능<평균(최저~최고)>

항 목	유입수(mg/ℓ)	방류수(mg/ℓ)	처리효율(%)
BOD	205.3 (55.2~908.0)	6.2 (2.2~10.3)	94.6 (83.0~99.8)
COD_{Mn}	116.4 (39.9~353.2)	9.4 (6.7~12.4)	88.1 (73.2~97.8)
SS	350.0 (44.0~1320.0)	4.1 (1.0~10.0)	97.5 (89.8~99.8)
T-N	37.6 (16.4~88.8)	8.1 (3.6~11.4)	71.2 (45.4~95.4)
T-P	6.0 (2.0~20.6)	0.5 (0.1~1.8)	87.4 (58.8~98.4)

- MLSS : 호기조 6,633(3,902~7,856)mg/ℓ, 재포기조 7,243(3,962~12,244)mg/ℓ
- 반송MLSS : 11,622(3,564~18,656)mg/ℓ
- HRT : 7.8hr(재포기조, 탈산소조, 침전조제외)
- 호기SRT(ASRT) : 17.6(5.2~50.4)일, 동절기 평균 27.1일, 춘·하절기 평균 14.1일
- 슬러지반송율 : 92.4(58.9~103.7)% - 내부반송율 : 88.3(68.9~98.9)%
- 슬러지발생량 : 0.81kg-DS/kg-제거BOD(0.12kg-DS/m³)
- 전력사용량 : 2.40kWh/m³

검증시의 조건:
- ㅇ 검증은 경기도 구리시 환경사업소내에 모형시설(50m³/일)을 설치하여 실시하였음
- ㅇ 검증내용은 6개월(2001.2~2001.7)간 30회(동절기8회 포함)의 현장평가를 실시한 결과임

유효기간: 발급일로부터 3년

기 타:

□ 상세한 평가내용은 환경기술검증보고서를 참조하시기 바랍니다.

환경기술개발및지원에관한법률 제7조, 동법시행령 제18조제4항 및 동법시행규칙 제6조제3항의 규정에 의하여 위의 기술에 대한 현장평가를 실시하고 환경기술검증서를 발급합니다.

2001년 10 월 19 일

환 경 부 장 관

3. 환경신기술평가 절차

• 서류심사에 의한 환경신기술지정

신청서작성(신청인) → 접수(환경부): 관보공고 30일 → 서류검토 → 평가등록비 납부 → 유사기술조사 → 현장조사(심의위원 2-3인) → 업체구술발표 및 서류심사(평가심의위원회) → 환경신기술지정서 발급·공고(환경부)

• **환경기술검증을 통한 환경신기술지정**

신청서작성(신청인) → 접수(환경부): 관보공고 30일 → 서류검토 → 평가등록비 납부 → 유사기술조사 → 현장조사 → 업체구술발표 및 평가기준심의(평가심의위원회) → 협약 및 현장평가 → 종합평가(평가심의위원회) → 환경신기술지정서·환경기술검증서 발급·공고(환경부), 환경기술검증보고서 발행(환경관리공단)

4. 처리 기간

- 환경신기술지정은 신청일로부터 90일 이내
- 환경기술검증은 신청일로부터 120일 이내

※ 단, 처리기간에서 공고기간, 서류보완기간, 현장평가기간은 제외

5. 평가비용(환경기술개발 및 지원에 관한 법률 시행규칙 제53조)

구 분	평가등록비(1건당)	평가수수료
환경신기술지정	2,000,000원	없 음
환경기술검증	2,000,000원	현장검증에 필요한 실소요 경비

평가등록비: 환경기술평가심의위원회 심의 및 평가계획서 작성 등에 소요되는 비용

3.3 환경신기술 인센티브

1. 공공기관 시행 환경시설공사에 환경신기술 우선활용

[근거: 환경기술개발 및 지원에 관한 법률 제7조의2, 03.5.29]

- 공공기관이 발주하는 환경시설공사 또는 설계용역을 발주하는 때에 환경신기술에 입찰가점 부여 등의 우대조치를 받을 수 있음.

• **입찰가점 부여**

[환경신기술에 대한 입찰가점 부여 기준 환경부고시 제2004-17호, 2004. 2.16]

- 서류심사와 현장조사로 신기술지정 받은 기술: 평가 총점의 100분의 1이내
- 서류심사와 현장검증으로 신기술지정 받은 기술: 평가 총점의 100분의 2이내

2. 조달청 입찰심사시 환경신기술 가점적용

[근거: 입찰참가자격사전심사요령(재경부회계예규 2200.04-147-16, 03.12.26)]

- 조달청 정부시설공사의 계약 집행관련 입찰참가자격사전심사의 기술능력 평가
- 환경신기술 가점 적용: 2점

3. 공공시설의 기술공모 및 턴키공사 입찰시 공사실적 인정

[근거: 공공시설의 환경신기술 적용 촉진을 위한 업무처리 규정(환경부훈령 제570호, 2004. 2. 24)]

- 환경기술검증서가 발급된 신기술: 평가받은 시설규모의 10배 이내. 다만, 하 · 폐수처리기술은 평가받은 시설규모의 100배 이내

4. 공공 환경신기술 실용화를 위한 신기술 장려금제 · 성공불제 대상

[근거: 환경기술 실용화 촉진을 위한 규정(환경부고시 제2002-105호)]

- 장려금제: 예산을 절약한 경우 절약액의 일부를 장려금으로 지급
- 성공불제: 설치자 부담으로 시설을 설치한 후 성공시 설치비 지급

5. 건설폐기물 처리용역 적격심사시 신기술 배점 부여

- 건설폐기물 처리용역 적격심사 세부 기준에 PQ 심사항목 설정

관련규정	용역 추정가격(원)	심사항목	배점기준
환경부 (제2001-240호, 2001.4.14개정)	10억 이상	○시설의 우수성 및 기술성 - 신기술 적용시설	1.25
	10억 미만 5억이상		1.0
	5억 미만 1억이상		0.75
	1억 미만		0.5
건설교통부 (고시제2001-240, 2001.9.19시행)	2억 미만	○중간 재활용처리 - 신기술, 신공법	0.5
	2억이상 5억 미만		0.7
	5억이상 10억미만		1.2
	10억이상		1.2

6. 조달청 우수제품선정 대상

7. 환경신기술마크 사용 가능(ET Mark)

8. 평가기술 홍보 및 소개

- 매년 신기술발표회 개최: 2004년 5회 개최예정
- 환경신기술 설계편람 발행: 연 1회(1000부)
- 신기술요약집 발행 : 연 4회(4000부)
- 인터넷을 이용한 신기술소개
  - **환경신기술 정보시스템 www.koetv.or.kr**
  - 국가환경기술정보센터 www.konetic.or.kr
  - 환경관리공단 www.emc.or.kr
- 공무원 교육과정에 환경신기술소개: 2002년부터 실시
- 국내 각종 학술, 세미나, 공무원 연찬회에서 환경신기술 소개
- 동남아 국가 환경공무원 국내연수교육(한국국제협력단, KOICA)
- 해외 한국기술평가제도 소개
  - 인도네시아(2000년), UNEP(2002), 일본(2003), 미국(2004)

3.4 환경신기술 신청자격

1. 신청자격

○ 신기술을 보유하고 있는 개인 또는 법인이나 사업체(기술보유자 입증서류 제출)

※ 기술의 산업재산권 보호를 위하여 신청 전에 특허등록을 할 것

2. 신청대상기술

- **『환경기술개발 및 지원에 관한 법률』 제2조제1호 규정에 의한 환경기술**
  - 대기오염물질 및 수질오염물질 저감 처리기술
  - 토양오염물질 및 폐기물 등의 저감 · 처리기술, 소음 · 진동방지기술

- 환경오염의 사전예방 · 저감기술, 오염유발억제, 제품의 개발기술, 재활용 및 회수기술
- 자연환경의 보전 · 복원 및 개선기술, 환경 위해성 평가 및 그 관리기술, 환경영향평가기술
- 환경오염물질, 소음 · 진동 또는 환경상태의 측정 · 분석기술
- 상수도의 정수처리 및 오염방지기술 등

• **평가할 수 없는 기술**

- 환경기술평가의 절차 및 평가기준 등에 관한 규정 제6조 제3항

① 환경적 이익이 없거나 환경문제 해결에 유익하지 않아 환경보전에 기여할 수 없는 기술

② 과학적, 공학적 원리에 대한 근거가 없어 평가할 수 없는 기술
평가받고자 하는 내용이 시험 · 분석 등을 통하여 정량적 · 정성적으로 계량 · 평가할 수 없는 기술

③ 기술의 내용을 현장에서 확인할 수 없는 기술

3. 평가대상시설

• 평가대상시설은 국내의 현장에 설치 완료된 실증시설 또는 모형시설

• 외국에 설치된 시설 또는 실험실에 설치된 시설은 신청할 수 없음

※ 사유는 국내에서 발생되는 성상, 계절적 영향 등을 고려한 성능을 평가하여 신기술을 지정하는 것으로 외국에서 평가하는 것은 평가제도 도입 취지에 적절하지 않고, 실험실에 설치된 시설은 규모나 현장조건에 적합하지 않은 것임.

4. 신청서류

• 환경기술평가신청서 1부

• 구비서류

- 기술개발배경, 연혁, 원리, 시설구성도
- 신기술의 내용: 신기술범위, 기술성능, 우수성
- 자체 평가한 내용
- 검증받고자 하는 항목(환경기술검증)
- 설계시방서 및 운전절차서: 물질수지, 도면 포함

- 기술보유자 입증서류, 시험성적서

• 작성안내 및 신청서식: www.koetv.or.kr

3.5 심사기준 및 방법

1. 신기술 정의

• **환경신기술의 정의(환경부 고시 제2조 1항)**

- 국내에서 최초로 개발되었거나 또는 외국의 기술을 도입하여 소화 개량한 기술로서, 기존기술과 비교하여 신규성, 우수성이 인정되는 기술

2. 심사기준

항 목		심사 내용
신규성		○ 새로운 기술이거나 또는 국내·외 기술의 주요부분을 개량한 기술 - 외국기술의 경우 분쟁소지가 없어야 함.
우수성	기술의 성능 (50점)	○ 기존기술과 비교하여 기술의 효율성(20), 완성도(10), 중요도(10), 발전성(10) 등이 있는 기술
	현장적용성 (50점)	○ 경제성(20), 안전성(10), 유지관리 편의성(10)이 있고 환경관련 법령규정에 위배되는 사항(10)이 없는 기술

3. 심사의결

• **심사: 전문가로 구성된 환경기술평가심의위원회에서 심사**

- 신청기술 전문가로 구성된 환경기술평가심의위원에서 심사
- 구성인원: 10~15인
- 위원선정: 엑셀프로그램 난수 발행하여 선정

※ 공정성을 기하기 위해 신청기술의 연구·개발과 관련된 위원은 배제

• **회의개최**

- 환경기술평가심의위원회 개최: 재적위원 1/2 이상 출석

• **심사의결**

– 신규성: 출석위원 3분의 2 이상의 찬성으로 의결

– 우수성: 신규성을 통과한 기술에 한하여 우수성평가를 점수제로 심사

• 항목별 최소, 최대 점수를 제외한 항목별 평균 점수가 항목별 점수의 50% 이상이어야 하고, 종합점수가 평균 80점 이상

4. 신기술 주요 심사항목

• **기술명 및 신기술범위**

– 주요 공정의 내용을 포함하여 기술의 구성을 함축하여 기술명으로 제시여부

– 신규성 부분을 논리적으로 작성여부

• **연구기간, 처리성능 등 심사**

– 연구기간: 기간, 분석항목, 분석회수 등

– 처리성능: 처리성능, 경제성, 내구성, 안전성, 공정별 운전조건, 환경 관련법, 시방서, 물질수지, 운전절차서, 설계자료 등

5. 심사절차

• **심사장소:** 공단에서 통보한 장소에서 실시

• **발표시간:** 20분

• **업체 심사준비 사항**

– 구술발표 자료: 신청서를 요약하여 파워포인트로 작성 발표

– 발표시 참고사항

• 기술발표시 일정시간만 제공하기 때문에 회사소개 보다 기술위주로 발표

• 구술발표자는 해당기술을 잘 알고 있는 엔지니어가 발표

– 심의위원 질의응답에 대비하여 충분하게 자료를 준비하여 답변 바람.

• 심사위원의 이해를 돕기 위하여 샘플 지참가능

• 서류제출 때 부족하였던 부분을 보완할 수 있으면 보충서류 지참 가능하며, 사전에 공단으로 연락(발표자료와는 별도로 제출)

• 심사진행

6. 환경기술검증개요 및 평가기준

• 환경기술검증 개요

- 환경기술은 성상, 계절적 영향에 따라 성능이 다를 수 있기 때문에 열악한 환경조건에서도 성능을 발휘 하는지 **평가기준**을 정하여 공정성 있게 평가를 수행하여 신청자가 제시한 성능이 나오는지 검증하는 것임.

• 평가기준의 정의

- 신청기술의 성능을 객관성 및 공정성 있게 평가하기 위한 평가기간, 분석항목 및 횟수, 평가조건, 평가절차 등 현장검증을 위한 구체적 기준

7. 이해관계자 의견 처리절차

• 이해관계자 의견을 듣고자 관보공고를 하고 있으며, 또한 이해관계자 의견신청도 명확하게 하고자 제출서류와 신청서류 보완에 따른 기간지연으로 인한 신청자의 민원발생 등을 예방하기 위하여 명문화하였음.

구 분	내 용
제출서류	- 이해 관계인의 기술에 대하여 기술보유자 임을 입증할 자료 - 이해 관계에 있는 신청기술의 명칭, 범위 및 주요내용 - 이해 관계가 대립되는 직접적이고 구체적인 내용 - 이해 관계인의 의견을 증명하는 상세 설명자료
이의신청을 할 수 없는 경우	- 이해관계인의 기술이 타일의 기술로써 직접당사자가 아닌 경우 - 기술도용 등 산업재산권의 침해여부를 판단하는 경우
신청서류검토 및 반려사항	- 이의신청 입증서류 검토 후 미비한 경우 보완 요청 - 일정 기간 내에 보완하지 않을 경우, 평가신청자의 업무처리를 진행하기 위하여 반려조치 - 1회 15일, 2회까지 요구하되 전체기간은 30일 이내
처리절차	- 이의신청서류 → 평가신청자 통보 → 신청자 의견접수 → 이의신청자 통보(이의가 없을 경우 취하 요청) - 이의가 있을 경우: 환경기술평가심의위원회에 의견진술 가능 - 이의신청자 구술발표 및 질의응답 - 평가신청자 구술발표 및 질의응답 - 업체에 결과 통보

3.6 현황

총괄(2011. 6. 24 기준)

구분	접수	진행중	기술검증서 발급	신기술인증서 발급	취소, 반려, 탈락	비교
계	901	37	136	227	497	
신기술인증	623	22	4	226	370	
기술검증	278	15	132	1	127	

기술분야별현황 진행현황

기술분야별	접수	진행중	검증서발급	인증서발급	취소, 반려	비고
계	901	37	136	227	497	
건설폐기물처리	117	9	6	30	71	
폐수	64	–	24	6	34	
열분해	11	–	–	2	9	
하천호소수	5	–	–	2	3	
기타	12	1	–	1	10	
필수기	1	–	–	1	–	
기타	14	–	–	–	14	
지하수	7	–	1	1	4	
탈질	3	–	–	2	1	
협잡물	1	–	–	–	1	
악취	20	–	3	6	11	
대장균군	4	1	1	–	2	
자원화	69	1	7	22	39	
소각	19	1	6	4	8	
건조	16	–	2	3	11	
선별	12	1	1	3	7	
재활용	21	2	1	3	15	
매립	13	–	5	2	6	
소음	3	1	–	1	1	
파쇄	1	–	–	–	1	
정수	36	2	12	8	14	
질소인	122	1	36	32	53	

PCB제거기술	2	–	1	–	1	
비점오염원	25	1	–	5	19	
기타	3	–	–	–	3	
소음	1	–	–	1	–	
측정기기	5	–	–	2	3	
관부식	1	–	1	–	–	
슬러지감량	19	1	3	3	12	
관거	101	3	12	34	51	
운전시스템	16	–	–	4	12	
하수처리	18	4	–	8	6	
집진기술	4	–	–	–	4	
SS	11	1	2	4	4	
용융	5	–	1	4	1	
간이정수	1	–	–	1	–	
침출수	5	–	1	–	4	
환경복원	30	1	–	14	15	
유해가스	17	2	1	7	7	
기타	15	4	–	1	10	
축산폐수	18	–	3	3	12	
연소	7	–	2	2	3	
오수	16	–	3	4	9	
퇴비화	5	–	1	–	4	
생물경보	3	–	–	1	2	

3.7 환경신기술 신뢰 향상을 위한 제언

환경시장에서 환경신기술에 대한 불신이 팽배하게 된 원인은 기술개발자 또는 기술도입자로부터 국내 실정에 적합하지 않는 무분별한 외국기술의 도입과 성능이 확보되지 않는 기술들이 현장 적용 후에 실패하는 사례들이 발생하는 등 기술개발자의 몫이 가장 큰 요인이다. 즉 기술개발과정에서 계절적 영향이나 환경적 영향에 따른 성능, 내구성, 경제성, 안전성 등이 연구되지 않기 때문이다.

따라서 환경신기술의 신뢰 향상을 위해서는 경쟁력이 있는 기술을 개발할 수 있도록 기술개발에 노력하여야 할 것이다.

환경기술의 주요 수요처인 지자체에서는 환경신기술에 대하여 믿고 사용할 수 있는 분위기가 마련되어야 하고, 신기술에 대한 가점, 공사실적인정 등 정부에서 마련한 각종 인센티브를 반영할 필요가 있다.

기술개발자 및 기술사용자는 신기술의 신뢰향상을 위하여 함께 노력하면 가까운 장래에 우수한 신기술이 많이 개발 · 보급되어 우리나라도 환경선진국에 도달할 수 있을 것으로 기대해 볼 수 있다.

(기술개발자)

○ 신기술 수요자 욕구에 맞는 신기술개발 필요(일류상품)
  – 신기술 신뢰 향상 극복 노력 필요
○ 신기술 보급후 지속적인 성능개선에 노력
○ 시장 경제원리 맞도록 경쟁력 강화 필요
  – 모든 것을 정부에서 다 해 줄 수가 없기 때문에 업체 스스로 노력이 더 중요함
    동일 기술분야 과다경쟁 자제
  – 신기술을 받아도 사업성이 없음.

(기술사용자)

○ 환경신기술 신뢰 및 적극 사용
  – 가점적용, 현장실적인정 등
○ 기술개발 시험장소 제공 등 기술개발에 적극 협조
○ 신기술 정보망 적극 활용
○ 발주처 담당자의 전문지식 습득신기술 소개

CHAPTER 4
대기오염

공기오염을 흔히 대기오염(air pollution)이라 한다. 이는 지구촌 사회차원에서 대기권내의 공기가 무척 중요하다는 뜻에서 그렇게 부르게 된 것이다.

현대인들이 실내에서 생활하는 시간이 많기 때문에 공기오염을 크게 주변공기오염(AAP, ambient air pollution) 혹은 옥외공기오염(OAP, outdoor air pollution)과 실내공기오염(IAP, indoor air pollution)으로 구분한다.

주변공기오염 · 옥외공기오염은 지구 대기권내의 공기 중에 정상적으로 존재하지 않는 물질이 인위적 또는 자연적으로 대기권(보통, 대기)내로 방출됨으로써 이 물질의 농도가 증가하는 상태를 이른다. WHO에서는 "옥외의 대기 중에 노출된 인공적 오염물질의 농도나 그 지속시간이 지구주민 중 상당히 많은 사람들에게 불쾌감을 유발시킨다든가, 넓은 지역에 걸쳐서 공중보건상의 위해나 인간과 동 · 식물의 생활을 방해하는 상태"로 정의하고 있다.

실내공기오염은 주로 고층빌딩, 차고(garage) 등의 지하시설, 지하상가 시설, 지하철 역사, 지하철객차, 비행기 등의 대중이용 교통수단 실내 등의 실내공기가 오염된 상태를 뜻하고 주로 건축분야에서 활발히 회자되어 왔다. 미국 EPA에서는 실내공기오염을 상태가 아니라 "실내공기의 화학적, 물리적, 생물학적 오염물(chemical, physical, or biological contaminants in indoor air[Terms of Environment: Glossary, Abbreviations and Acronyms by US. EPA])"로 정의한다. 이는 그만큼 기술적 제어가 긴급하다는 뜻이기도 하다.

4.1 주변공기오염

1. 오염원

(1) 점오염원(point source)

화력 발전소나 대규모 공장 및 산업시설, 대형 보일러를 갖고 있는 관공서, 아파트 단지, 학교, 호텔 등 배출지점을 파악할 수 있는 오염원을 뜻하고 미국에서는 오염물을 연간 90.9 ton 이상 배출하는 시설들을 점오염으로 지정하고 있다.

(2) 면오염원(area source)

특정 국한 지역에서 대기오염물을 배출하는 다수의 소규모 점오염원이나 통틀어 취급하는 불확실한 고정 오염원을 이른다.

(3) 이동오염원(mobile source)

대 · 소형 각종 차량, 선박, 기관차, 비행기 등 이동하면서 대기오염물을 배출하는 오염원을 이른다.

2. 오염물 종류

대기오염물은 보통 분진(粉塵, particulate)이라고 일컬어지는 입자상 물질(particle matter)과 자동차 배기가스 등의 가스상 물질(gaseous matter)로 나눌 수 있다. 우리나라 환경보전법에서는 입자상 물질을 "물질의 파쇄 · 선별 · 퇴적 · 이적 · 기타 기계적 처리 또는 연소 · 분해 시 발생하는 고체 혹은 액체상의 미세한 물질"로 정의하고 있고 가스 상 물질을 "물질의 연소 · 합성 · 분해 시 또는 물리적 성질에 의하여 발생하는 기체물질"로 정의하고 있다.

입자상 물질과 가스상 물질의 종류와 개요가 다음과 같다.

1) 입자상 물질(particle matter)

① 연무(煙霧, mist)

축축한 고체물질 또는 액체방울이며 크기가 100~1 μm이다.

② 먼지(dust)

건조한 고체물질로서 크기가 100~1 μm이다.

③ 연기(smoke)

색을 띠고 있는 고체물질로서 크기가 0.01~1 μm이다.

④ 훈연(燻煙, fume)

화학반응으로 응결된 고체 미립자로서 크기가 0.01~1 μm이다.

⑤ 안개(fog)

크기가 5~50 μm인 액체 방울이다.

⑥ 박무(薄霧, haze)

엷은 안개로서 독성이 강하다. 크기가 0.01~50 μm이고 소나무의 테르펜 헤이즈가 유명하다.

⑦ 스모그(smog)

연기(smoke)와 안개(fog)의 혼합물이다.

⑧ 기타

2) 가스상 물질(gaseous matter)

① 탄화수소(HC, hydrocarbon)

숱(soot)이라고도 하는 것으로서 불완전 연소기체이다. 주로 자동차 시동 시 발생한다. 자동차 배기가스중의 탄화수소는 엔진의 실린더 내에서 연소되지 않는 연료가 분해되어 발생하는 것으로서 메탄, 에탄 등의 저급 탄화수소로부터 프로판, 부탄 등의 고급 탄화수소 또는 연료 자체로 여러 가지로 포함된다.

② 일산화탄소(CO, carbon monooxide)

불완전 연소산화물로서 연탄가스의 주성분이다. 우리나라에서는 연탄가스문제가 워낙 심각하여 자동차 배기가스내의 일산화탄소의 오염이 크게 부각되고 있지 않지만 미국에서는 도시지역 일산화탄소 오염의 90% 이상이 자동차로부터 배출되는 것으로 파악하고 있다.

③ 황산화물(SO_x, sulfur oxide)

주로 화석 연료를 태울 때 발생하는데 총 발생량의 80%를 차지한다. 자동차가 저속으로 운전할 때도 많이 발생한다. 황산화물 중에 대표적인 것이 아황산가스(SO_2)인데 아황산가스는 무색이고 냄새가 약하지만 자극성이 강한 특징이 있다. 아황산가스는 대기 중에서 햇빛을 받아 광화학적 또는 촉매적으로 반응하여 SO_3, 황산 및 황산염 등의 2차 오염물질을 만든다. 이러한 이차 발생물질은 시정거리(opacity)를 감소시킨다. 그리고 부식성이 있어 고적물 등을 퇴색시키기도 한다.

④ 질소산화물(NO_x, oxides of nitrogen)

총 발생량의 99%가 연료의 연소과정에서 발생하는데 특히, 자동차가 고속으로 주행할 때 많이 발생한다. 연료성분이 산화되어 발생하는 것이 아니라 대기 중의 질소가 연소과정에서 산화되어 발생한다. NO, NO_2, N_2O, N_2O_5 등이 있는데 NO와 NO_2가 다량 발생한다. 위생적 가치로서 NO_2가 주요 관심이 기울여 지는데 이 가스는 산성가스로서 농도가 15 ppm 이상이면 이비인후 기관에 자극을 주고 25 ppm 이상이면 폐에 영향을 미친다.

⑤ 휘발성유기화합물(VOC, volatile organic compounds)

실온에서 석유화합물, 유기용제 등으로부터 발생하는 탄화수소류 기체의 레이드 증기압이 0.3 킬로 파스칼(kPa, 1kPa = 101.971553 mmH_2O)보다 큰 것을 이르며 지구온난화를 일으키고 자외선을 강하게 흡수하여 오존을 생성시킨다. 독성이 강하여 발암성 물질로 알려져 있는데 도장산업과 자동차 등의 교통수단에서 가장 많이 배출된다.

⑥ 다이옥신(dioxin)

1872년 독일의 화학자에 의해 처음으로 합성된 이후 제초제나 살충제로 사용되어 오다가 베트남 전쟁에서 사용된 고엽제에 불순물로 함유되어 있던 2.3.7.8-TCDD에 의하여 기형아가 출생하는 등 커다란 환경문제를 일으킨 발암성 물질이다. 다이옥신류는 크게 다이옥신(polychlorinated dibenzo-p-dioxin: PCDD)과 푸란(poly-chlorinated dibenzo furan: PCDF)으로 대별되며 배출원으로서 도시폐기물 소각시설이 주목받고 있다.

⑦ 기타

3. 세계적 오염 사고

A. D. 61년 서양의 철학자 세네카(Seneca)는 "로마의 무거운 공기"와 "연기 나는 굴뚝에서 발산되는 악취"를 기술하였었다. 1273년 영국의 에드워드 1세(King Edward Ⅰ)는 런던을 뒤덮는 연기와 안개에 시달린 나머지 석탄의 연소를 금지시키기도 하였다. 영국 엘리자베스 1세(Queen Elizabeth Ⅰ)는 런던의 악명 높은 황색 스모그(smog)로 인하여 거처를 노팅검(Nottingham)으로 옮겼으며 그녀의 통치 말기에는 의회에서 석탄연소를 금지하는 법을 통과하기까지 하였다.

1661년 존 에벌린(John Evelyn)은 그가 발행한 팜프렛을 통하여 '런던으로부터 연기발생 프랜트를 모두 제거하고 도시 주변의 녹지대에 나무를 심을 것'을 권장하고 있다. 그리고 이 방법은 오늘날에도 공기 오염 해결책으로 권장되고 있는 사항이기도 하다. 그러나 그의 권고는 오늘날에 그렇게 실효있는 방법으로 여겨지지 못하고 있다.

대기오염 현상의 피해에 대한 역사적 사실이 주로 영국과 관련하여 많이 기록되어 있는데 이는 환경오염의 시발의 한 원인이 산업화에 있고 영국이 산업혁명의 발원지라는 점에서 우리에게 시사하는 바가 크다.

1930년 깊이 100 m, 길이 25 km에 이르는 벨기에의 뮤즈 계곡(MEUSE valley)에서 기온역전(temperature inversion) 현상과 함께 SO_2, CO, 분진에 의한 오염 지체현상이 3일간 지속되어 이로 인한 급성 호흡기 장애 등이 발생하여 630명이 사망하고 수천명의 환자가 발생하였다.

1948년 미국 펜실바니아주 도노라시(DONORA city)에서는 SO_X, NO_X, $(NH_4)_2SO_4$, 분진에 의한 오염현상이 4일간 지속되어 이로 인한 호흡기 질환, 심장병 등이 발생하여 17명이 사망하였고 도노라시 인구의 43%가 환자로 판명되었다.

1952년 영국 런던시(LONDON city)에서는 농무형 스모그, 석탄 연료, SO_X, 분진에 의한 오염이 1주일 동안 지속되었는데 1주일 이내에 4000여 명이 사망하였고 1개월이내에 8000여 명이 사망하였다. 이 사건은 후에 **런던 스모그 사건(LONDON SMOG Accident)**으로 지칭되어 후세에 교훈으로 전해지고 있다.

당시의 사건을 비교적 상세히 기록한 다음의 글을 보면 그 때의 참상을 어느 정도 파악할 수 있을 것이다.

"1952년 12월 4일 목요일, 고온 기단(air mass)이 남부 잉글랜드 위로 이동하여, 기온 역전이 생기고 흰 안개가 런던 위에 떨어졌다. 석탄 난방 및 동력 생산 시스템의 과도한 이용 때문에 입자 및 이산화황의 수준이 증가하였고 이 안개는 검게 되기 시작하였다. 고기압 지역이 정체되면서 오염물은 축적되었다. 기류가 없어서 연기가 분산되지 않았기 때문이다. 금요일 아침 일찍 일어난 이들은 아무 것도 볼 수 없었는데, 한 경험자는 '흰 셔츠의 목덜미가 20분 안에 거의 검정이 되었다'고 회상하였다."

1954년 미국 캘리포니아주 로스앤젤레스 시에서는 시 주변 고속도로상의 자동차 질주에서 비롯된 탄화수소(HC, hydro carbon), 질소산화물(NO_X) 등의 자동차 배기 가스가 햇빛을 받아 오존(O_3), 과산화물, 알데히드 등으로 변하여 주변 주민들의 비인계 기관의 질환을 유발하였고 이후 이 사건은 현대적 의미의 대기오염 사건 경우로서 **로스앤젤레스 광화학 스모그 사건**(LA.

PHOTOCHEMICAL SMOG Accident)으로 불리어 후세에 교훈으로 전해지고 있다.

1984년 12월 3일 새벽 인도의 보팔시 유니온 카바이드 인도회사(UCIL) 보팔공장에서 유독가스 이소시안산메틸(Methylisocyanate: MIC)이 누출되어 바람을 타고 확산하여 2500여 명이 사망하고 14만 명이 부상하고 수십만 명이 불구가 된 참사가 있었다.

1984년 6월 카메룬 니오스호 화산가스 유출사건으로 700가구가 살고 있는 부근 농촌에서 가옥 등은 파괴되지 않은채 2000여 명이 사망하고 겨우 여자 1명과 어린이 한 명이 살아남은 사건이 발생하였다. 그 원인은 파악되지 못하였고 단지 주방용 가스로 음식 끓이는 듯한 냄새만 났다고 하였다.

[표] 오염의 세계적 사건과 인명 피해

시 기	지 역	발표된 사망자	발표된 환자
1873. 12. 9~11	영국 런던시		
1880. 1. 26~29	영국 런던시		
1892. 12. 28~30	영국 런던시		
1930. 12.	벨기에 뮤즈계곡	63	6000
1948. 10.	미국 펜실바니아 도노라시	17	6000
1948. 11. 26~12. 1	영국 런던시	700~800	
1952. 12. 5~9	영국 런던시	4000	
1953. 11.	미국 뉴욕시	미발표	미발표
1959. 1. 26~31	영국 런던시	1000	
1957. 12. 2~5	영국 런던시	700~800	
1958.	미국 뉴욕시	미발표	미발표
1959. 1. 26~31	영국 런던시	200~250	
1962. 12. 5~10	영국 런던시	700	
1963. 1. 7~22	영국 런던시	700	
1963. 1. 9~2. 12	미국 뉴욕시	200~400	
1966. 11. 23~25	미국 뉴욕시	미발표	미발표

4. 기상현상과 자연정화과정

태고적부터 지구에서 발생한 산불 등으로 인한 대기권 공기오염 현상은 태양열 에너지에 의해 생성된 기압 차, 바람과 강우로 정화되어 왔다. 그러나 자연정화 능력을 초과하는 주변 공기오염물의 배출은 역전현상(逆轉現想, inversion effect)과 함께 그 피해를 더하여 왔다.

강이나 하천이 바람직하지 못한 결과가 생기지 않게 하면서 특정 오염물질 부하를 흡수할 수 있는 것처럼, 대기도 일정량의 공기 오염물질을 동화하여 나쁜 영향이 생기지 않게 할 수 있다. 대기 중에서의 공기 오염 물질의 희석은, 대기 안에 오염물이 바람직하지 못한 수준이 되지 않도록 하는 중요한 과정이다. 공기 오염 물질의 대기 중에서의 분산은 환기, 대기 난류, 분자 확산 등에 기인한다. 그러나 기상 및 입상 공기 오염물질은 주로 바람의 작용 및 대기 난류에 의하여 주변 공기 중으로 분산되는데, 그 대부분은 소규모 수준으로 일어난다.

기상 현상에 관한 지식이 있고 기후 시스템을 형성하는 여러 인자를 이해하고 있으면 공기오염 잠재성을 예견할 수 있다. 이 예견하는 방법을 모델링이라 하는 것으로서 실험적 분산모델들이 대부분이다. 분산 모델 중 가장 많이 알려져 있는 것이 파스킬(Pasquil)과 기포드(Gifford)의 것이다. 이들에 의해 제시된 분산모델은 가우스(Gauss) 분포를 나타내고 수평 및 수직 방향에서의 Gauss 분포의 좌표계를 나타내는 파스킬)과 기포드의 분산모델이 다음과 같다.

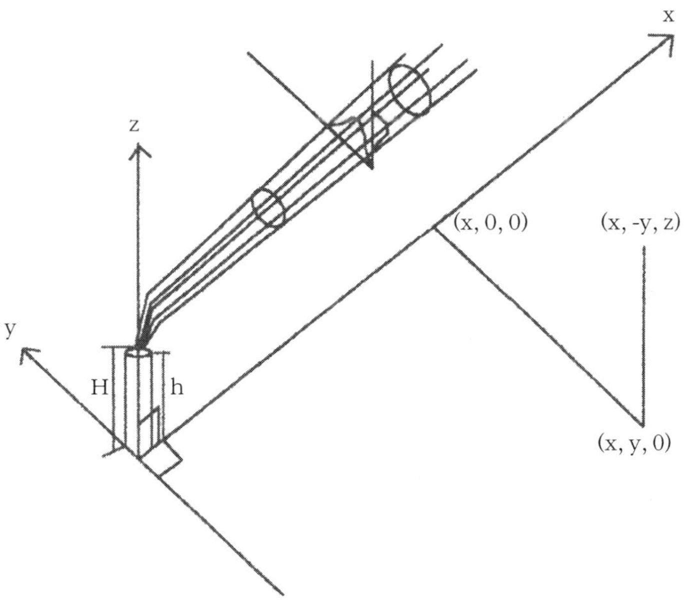

[그림] Gauss 분포의 좌표계를 나타내는 파스킬과 기포드의 분산모델

역전현상이란 대기 중에 기온 체감율(體減率, lapse rate: −9.8℃/km)이 적용 안 되어 대기가 정체되는 현상을 뜻한다.

미기상(微氣象, micro weather)은 주로, 국소 지역의 일기변화를 뜻한다. 미기상을 알고 있으면 오염물질의 이동과 확산, 침적 등을 이해하는데 도움을 준다. 미기상의 역전현상에 따르는 대기오염물의 거동이 연돌(stack)에서 배출되는 연기의 너울거림(plume)으로 설명될 수 있다. 그 내용이 다음의 그림과 같다.

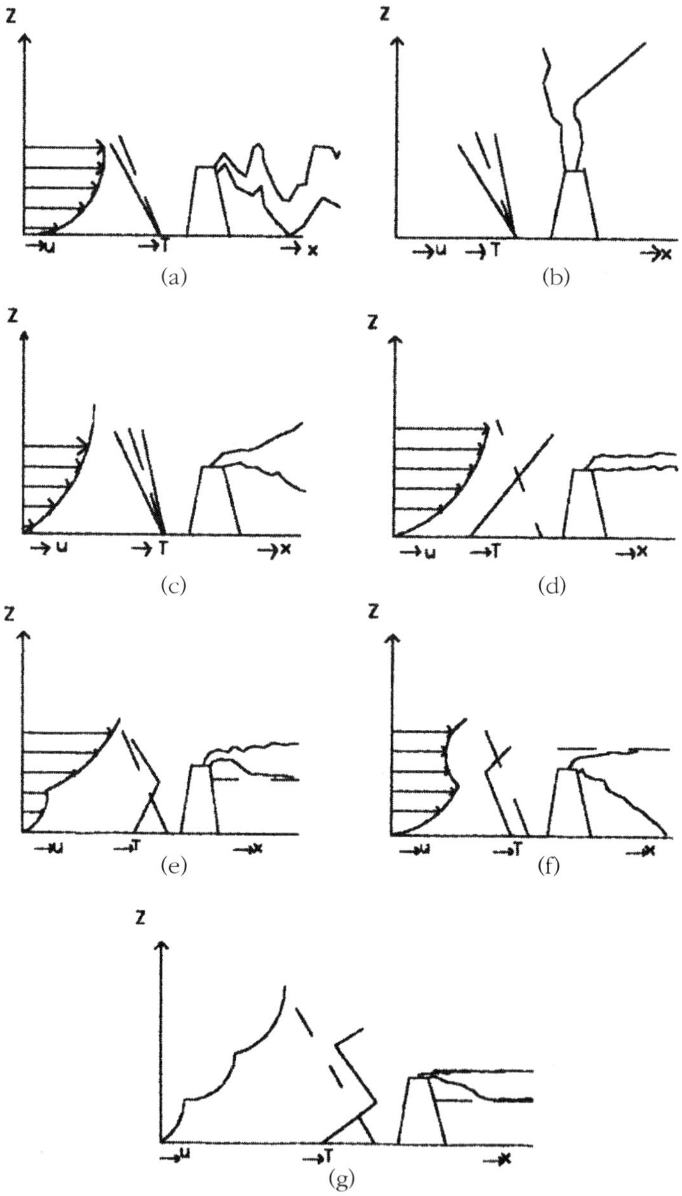

(a) 루프형 (b) 중성 (c) 원추형 (d) 팬형 (e) 대들보형 (f) 훈증형 (g) 트랩형

[그림] 역전현상에 따르는 연돌(stack) 배출 연기의 너울거림

5. 기술적 제어

1) 생성관리

가. 연료 또는 원자재의 관리

오염물질을 적게 배출하는 연료 또는 원료를 제조 · 사용하는 방법이다. 고유황유를 탈황시켜 저유황유로 만들어서 사용하고 자동차의 액체연료를 저 유황 기체연료(LNG, LPG)로 대체하거나 자동차의 엔진 원동력을 전기력으로 바꾸는 것 등이 그 예가 된다.

나. 산업공정 변경

대기오염물을 많이 배출하는 산업공정이 변경되어야 한다. 1980년 대 우리사회에 대기오염에 대한 경각심을 불러 일으켰던 원진레이온 사건이 그 좋은 예가 되는데 산업공정의 변경은 주변 공기오염뿐만 아니라 산업위생 차원에서의 실내공기오염의 적극적 대책으로서 필수적인 것이 된다.

다. 제거장치의 점검 및 교체

대기오염물 제거 장치들이 그 기능을 제대로 발휘 못한다면 오염이 더욱 심각하게 되는 것은 불 보듯 뻔한 사실이다. 수시로 점검하여 이상 징후를 파악하고 도저히 그 기능을 발휘 못한다고 판단되면 즉시 교체하여야 한다.

라. 운영 및 보수 절차 개선

아무리 훌륭한 시설이라 하더라도 운영 및 보수방식이 적절하지 못하다면 쾌적한 대기 환경을 유지할 수 없다. 예를 들어 쓰레기 소각장의 연돌 말단 부에 설치되어 있는 다이옥신 제거용 반건조 스프레이 탑(semi drying spray tower)이 그 성능이 아주 우수한 것임에도 불구하고 운영이 부실하거나 문제 발생 시 보수가 적절치 못하다면 문제는 커진다.

2) 대기오염물 희석

대기 오염물을 배출하는 프랜트가 환기가 양호한 입지에 위치하거나 오염물을 배출하는 연돌(stack)이 높게 설치되는 것 등이 모두 희석 효과를 노리는 것이다. 연돌이 높으면 역전층을 뚫고 올라가서 오염물질을 분산시킬 수 있으므로, 일반적으로 착지 농도가 감소한다. 그러나 배출원에서 멀리 떨어지기는 하더라도 올라간 것은 반드시 내려온다는 사실이다. 이러한 점에서 보면 희석은 잘 해야 단기적 조절 수단이 되고, 잘못되면 아주 바람직하지 못한 장기적 영향을 초래하는 수단이 될 수 있음을 명심하여야 한다.

3) 대기오염물의 배출 전 관리

장기적 공기오염 방지의 관점에서는 배출원에서의 오염물질 조절이 희석보다 바람직하고 효과적인 방법이다. 오염물의 배출 전 관리는 여러 가지 방법으로 수행할 수 있다. 첫째로 가장 효과적인 방법은 무엇보다도 오염물질이 나오지 않도록 막는 것이다. 나머지 방법은 오염물질을 완전히 제거하지는 못하지만 배출을 감소시키는 것이다.

가. 중력침강기(gravity settling chamber)

중력을 이용하여 오염물질을 제거하는 것이 기본 원리이다. 다음 그림에서처럼 중력침강기 입구로 유입된 먼지나 가스가 갑자기 넓어진 통과 단면적을 지나면서 유속이 떨어지고 이 떨어진 유속으로 먼지나 가스가 더스트 호퍼(dust hopper)로 침강한다.

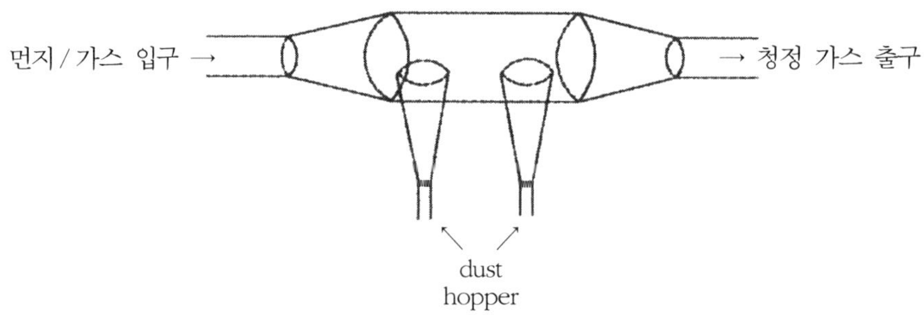

[그림] 중력침강 장치

나. 관성침강기(cyclone)

사이클론(cyclone)이라고도 일컬어지는 것이며 회전 가스의 원심력에 의해 입상물질이 제거되는 것이 기본 원리이다.

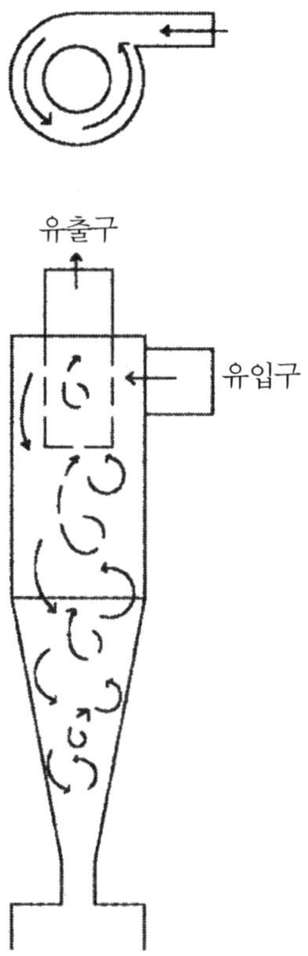

[그림] 관성침강 장치

다. 동적집진기(dynamic precipator)

회전 날개의 작용으로 입자가 원심력을 지니게 하여 제거하는 장치이다.

라. 습식집진기(wet scrubber)

입상 물질 입자가 액적과 직접 접촉하게 하여 제거하는 장치이다. 습식집진기 중 유명한 것이 벤트리 스쿠러버(ventri scrubber)인데 입경 0.5~5 μm의 입자 제거에 효과적인 것으로 알려져 있다.

마. 직물여과기(fabric filter)

입상물질 입자가 직물 섬유 간극에 걸리게 하여 제거하는 장치이다. 0.1 μm 정도의 입자도 상당히 제거되는 것으로 알려져 있다.

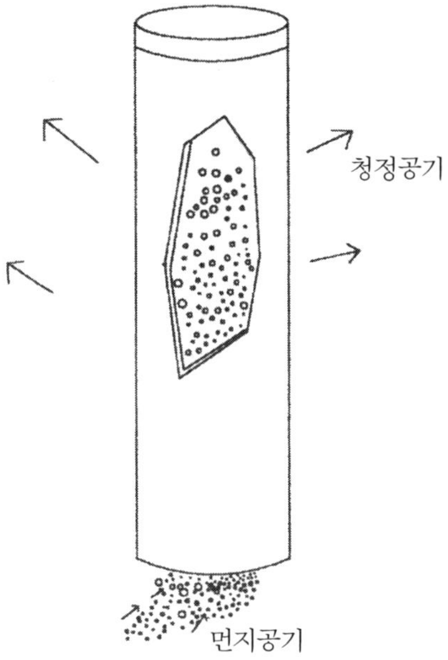

[그림] 직물여과기

바. 전기집진기(ESP, electrostatic precipitator)

전하력을 띤 입상문진 입자를 (+), (-) 전극에 포집하여 제거하는 장치이다. 이 장치이 기본 원리가 자연계에서의 코로나 방전(corona discharge)에 있는데 코로나 방전은 개기일식때 검은 태양의 둘레에 진줏빛으로 빛나 보이는 태양 최 외층의 대기상태와 같이 방전되는 현상을 이른다. 외관이 왕관과 비슷한 전기 스파크 불꽃과 유사하며 세인트 엘모어의 불꽃(St. Elmore' fire)으로도 알려져 있다. 세인트 엘모어의 불꽃이란 망망대해를 항해 중이던 세인트 엘모어란 범선이 뇌운이 이는 기상 하에서 항해를 하게 되었고 이때 돛대 끝에서 나타나는 불꽃을 이르는데 이 불꽃이 주위 물질들에 전하를 띄게 하는 작용을 하는 코로나 현상의 불꽃이란 것이다.

이 집진기의 기능이 다음과 같다.

- 하전된 전선(wire) 사이로 공기흐름 중의 부유입자가 하전되고
- 전기집진기 사이에서 교대로 (+) 및 (-)로 하전되어
- 공기 부유 입자 중 액상물체가 이 관 표면위로 수집되고
- 중력에 의해 수집통으로 배수된다.

지금까지 개발된 집진기 중 가장 효율이 좋은 것으로 알려져 있으며 제거 효율이 거의 100%인 것으로 알려져 있다.

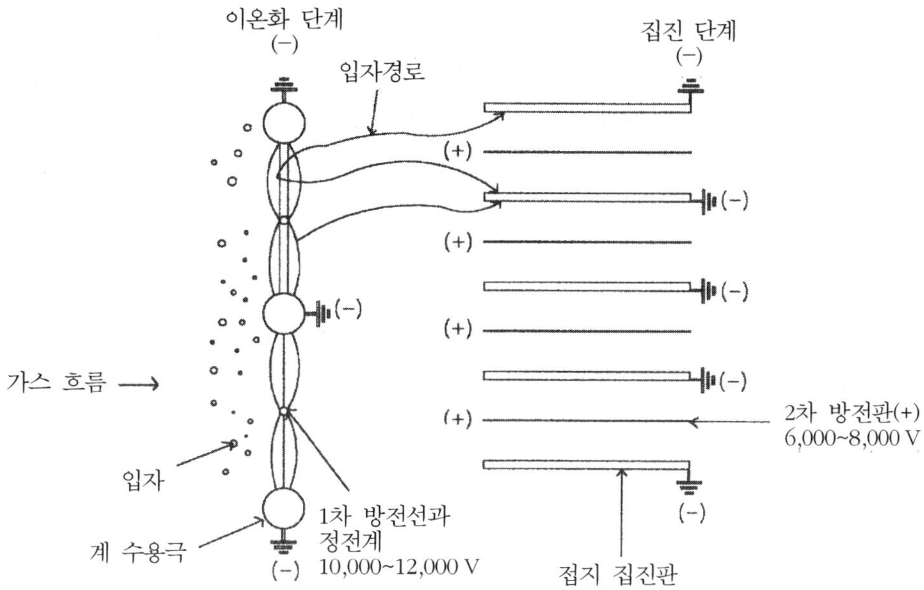

[그림] 전기집진 장치

사. 흡수(absorption)

오염된 배출가스를 액상 흡수제(주로, 알칼리 수용액)와 접촉시켜서 배출가스 중의 한 가지 또는 그 이상의 성분을 제거, 처리 또는 변화시키는 방법이다. 연돌 말단부에 물과 석회를 이용하여 아황산가스를 제거하는 것도 한 가지 흡수 기작인데 처리효율이 가스 및 용매성질, 용액상의 가스압력, 계의 온도, 난류, 유량, 장치에서 사용되는 충진물의 종류에 좌우된다. 흡수제로 알칼리 흡수제가 사용되는데 알칼리 토류 화합물을 마그네시아(magnesia, MgO process) 법으로 제조한다. 다음과 같은 향류 시스템(countercurrent flow system)으로 운전된다.

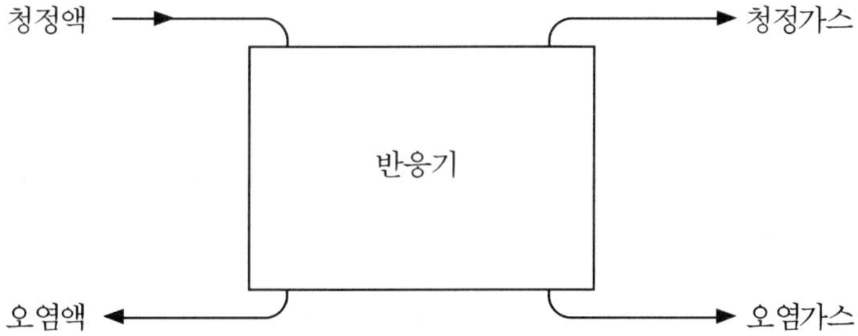

[그림] 향류 시스템

아. 흡착(adsorption)

다공성 고체물질(주로, SiO_2)인 흡착제(adsorbent)에 배출가스를 통과시킴으로써 물리 또는 화학적 흡착으로 흡착질(adsorbate)이 붙게 되어 제거되는 공정이다.

흡착에는 물리적 흡착과 화학적 흡착이 있는 데 물리적 흡착에서는 이슬점의 생성이 무척 중요하다. 이슬점(dew point)이란 어떤 온도의 공기를 일정 압력하에서 온도만 내리면 그 관계온도가 점점 증대하여 결국에는 포화상태에 이르고 그 이후는 공기 중의 수증기가 응결하기 시작할 때의 온도를 뜻하는 것으로서 끓는점이 높을수록 흡착량이 증가하고 유효 고체 표면의 양에 정비례하며 압력을 낮추거나 온도를 높이면 흡착된 기체가 탈착되는데 이 탈착 효과가 흡착 공정의 성공 변수가 된다. 화학적 흡착의 핵심은 원자가 힘(valence force)으로서 오염가스가 흡착제와 화학결합을 이루는 것을 이른다.

자. 응축(condensation)

응축이란 압축에 의해 포화상태로 된 기체가 액체로 변화하는 현상을 이르는 것으로 응축기의 종류로 표면 응축기(surface condenser)와 접촉 응축기(contact condenser)가 있다.

차. 연소 혹은 소각(combustion or incineration)

공기오염물질(주로, HC나 CO)을 불에 태워 무해한 이산화탄소나 물로 전환시키는 조작이다.

① 직화연소(direct flame combustion)

보조 연료를 첨가하여 폐가스를 연소기에서 직접 태우는 조작을 이른다. 직화연소 중 플레어 연소(flare combustion)가 있는데 이 플레어 연소란 개방 연소장치로서 연돌 상부의 폐가스 유입을 흐름 말단에 만든 것이다.

② 열연소(thermal combustion)

가연성 오염물의 농도가 낮을 경우 예열하여 580℃~927℃ 온도의 열로 만들어 연소시키는 조작이다.

③ 촉매연소(catalytic combustion)

폐가스 중에 가연성 물질이 너무 적어서 직화 소각하기가 어려울 경우 이용하며 촉매 자신은 화학변화를 하지 않으면서 산화속도를 촉진하여 소각에 필요한 체류시간을 줄이는데에 운전의 초점이 있다. 열소각에서는 촉매소각에서보다 20~50배의 긴 시간이 필요한 것으로 알려져 있다.

촉매연소는 오염원별로 다양하게 적용하는데 SO_2의 경우 오산화바나듐 촉매를 이용하고 연돌가스내 SO_2를 90% 정도 제거한다. H_2SO_4 mist가 생성되며 비싼 설치비, 촉매 피독 가능성, 황산의 경제적 의존성 등이 단점으로 여겨지고 있다.

NO_X의 경우 백금 촉매를 이용하는데 연돌 가스내 NO_X를 90% 정도 제거한다. 대규모로 응용되는 곳이 질산 공장으로서 최종 산물로 말단 배출 가스와 CO, CH_4를 만든다.

탄화수소(HC, hydro carbon)의 경우 활성 알루미나에 금속화합물을 함침(含浸, inpregation) 시킨 촉매를 이용하고 연돌가스내 HC를 95% 정도 제거한다.

CO의 경우 Pd(Ⅱ)와 Cu(Ⅱ) 촉매를 이용하고 CO를 CO_2로 전환시킨다. 운전 온도가 200~220℃이며 담배 필터에 응용할 경우 CO를 97% 제거하는 것으로 알려져 있다.

우리나라 자동차의 배기가스 제거장치가 촉매연소를 이용한 것으로서 삼원 촉매 장치(three-way catalytic converter system)가 그것이다. 삼원촉매는 백금과 팔라듐, 로듐, 루테늄으로 이루어진 촉매를 이르고 주요 반응이 다음과 같다.

$$HC,\ CO + NO_X \text{ 중의 산소} \rightarrow CO_2 + N_2 + O_2$$

4.2 실내공기오염

미국 환경보호청(EPA)에서는 실내공기오염을 "실내공기의 화학적, 물리적, 생물학적 오염물질(chemical, physical, or biological contaminants in indoor air[Terms of Environment: Glossary, Abbreviations and Acronyms by US. EPA]"로 지칭한다.

1. 소기후와 실내공기

기후(climate)란 일기(daily weather)의 평균상태를 표시한 대기현상의 총합이고 일기란 1일 동안의 기상상태를 말한다. 기상(weather)이란 晴·雲·雪·雨·고기압·저기압·태풍 등을 말하고 기후요소란 기온·기습·기류·기압·풍향·풍속·강우·구름량 및 일조량 등을 말한다.

보통 기후의 3대 요소를 기온·기습·기류로 들며 기후인자란 위도·해발·위치·지형·수륙분포 및 해류 등을 말한다.

❑ 소기후(所氣候, indoor climate)

실내 환경적 조건에 따라 공기 조성이 변화함으로써 생성되는 기후를 말한다. 미국 EPA에서는 소기후를 "주거구조 혹은 교통운송시설 내부의 온도, 습도, 빛, 기류 그리고 소음도(temperature, humidity, lighting, air flow and noise levels in a habitable structure or conveyance[Terms of Environment: Glossary, Abbreviations and Acronyms by US. EPA])"로 지칭하고 소기후는 실내공기오염에 영향을 미친다 하였다.

❑ 실내공기(IA, indoor air)

미국 EPA에서는 실내공기를 "주거구조 혹은 교통운송시설 내부의 통기성 공기(the breathable air inside a habitable structure or conveyance[Terms of Environment: Glossary, Abbreviations and Acronyms by US. EPA])"로 정의한다.

(1) 온열지수

인체의 열 교환에 작용하는 온열요소에 의해 형성된 종합적인 상태를 단일척도로 표시한 것.

① 쾌감대: 무풍, 안정 시 쾌감을 느낄 수 있는 기후. 쾌적지수

- 쾌적선: 피검 인원중 97% 이상이 쾌적감을 줄 수 있는 감각온도의 선
- 평균 쾌적대: 겨울, 화씨 63~71도. 여름, 화씨 66~75도

② 불쾌지수: 기온과 습도에 따라 사람이 느끼는 불쾌감을 수치로 나타낸 것.

미 기상국, E. C. Thomson.

$$DI = (Ta℃ + Tw℃) \times 0.72 + 40.6$$

DI: 불쾌지수

Ta: 건구온도

Tw: 습구온도

$DI \geq 70$: 다소 불쾌

$DI \geq 75$: 반 수이상 불쾌

$DI \geq 79$: 모든 사람 불쾌

$DI \geq 90$: 매우 불쾌

③ 감각온도: 기온, 기습, 기류의 3인자가 종합적으로 작용하여 인체에 주는 온감. 실효온도. 기온 화씨 t도, 기습 100%, 무풍상태를 기초로 함.

- 대기환경의 기온이 화씨 65도라 하면 습도 100%의 무풍일 때 감각온도는 화씨 65도. 복사열 비고려

④ 수정감각온도: 기온, 기습, 기류, 복사열 4가지 요소가 인체에 주는 온감지수

⑤ 지적온도: 실내의 온열조건이 인체에 주는 이상적인 상태

⑥ 등온지수: 기온, 기습, 기류, 복사열을 가해서 습도 100% 무풍상태일 때 주위의 물체가 기온과 동일온도로 되었을 때 등온감각을 주는 상태

⑦ 카타냉각력: 공기가 인체로부터 열을 빼앗아 가는 힘. 인체표면에서 열손실 정도를 정하는데 사용. 체감온도

⑧ 습구, 흑구온도지수: 직사광선의 옥외환경을 평가하는데 사용. 고온작업 허용기준 이용

(2) 쾌적 조건(pleasure condition)

- 실내온도(room temp.){: 복사열 온도(radiation temp.)}: 복사열에 의한 인체의 가열 + 인체로부터의 저온 물체로의 복사열+실외로부터의 복사열. **23±3±2 ℃**
- 실내습도(room humidity): (일정 부피의)(수증기량/공기량)×100. **55%±15%**
- 실내기류(room air current): **0.5m/sec 이하**
- 청정도(immaculateness degree): 먼지 0.15 mg/m^3↓, CO_2 1000 ppm↓, CO 10 ppm↓
  - 무풍: 0.1 m/sec 이하의 기류. 불감기류(insensible current): 0.2~0.5 m/sec의 기류

[표] 안정시의 체온 생산율(체중 70 kg)

부 위	체열생산(Cal)	%
골격근	1,000	59.5
간	368	21.9
신장	74	4.4
심장	60	3.6
호흡	47	2.8
기타	131	7.8
계	1,680	100

[표] 체온 방출율(1일)

방열종류	방산열량(Cal)	방열비율
분뇨	48	1.8
호흡	84	3.5
폐포증발	182	7.2
피부증발	364	14.5
피부복사전도	1,792	73.0
계	2,470	100

(3) 군집독(群集毒, crowd poisoning)

다수인이 밀집한 실내공기. 물리화학적 조성 변화. 불쾌감 · 두통 · 권태 · 현기증 · 구기(토기) · 구토 · 식욕부진. 취기 · 온도 · 습도 · 기류 · 연소가스 · 이온 · 분진 등

(4) 기후조건과 건강

a. 일교차: 해뜨기 전 30분의 기온과 오후 2시경의 기온 차

연교차: 1년 중 최고, 최저 기온 차. 연교차가 좁은 상태가 생리적 기능이 좁은 상태

24℃: 생리기능이 가장 크게 변화하는 기온

b. 18±2℃: 사람이 가장 활동하기 좋은 상태

40~70%: 사람이 가장 활동하기 좋은 기습

2. 실내 공기요소의 작용

(1) 산소(O_2)의 작용

- 혈액내의 혈색소(hemoblobin, Hb)와 결합 → 체조직에 운반 → 에너지 산출
- 산출된 에너지의 5% 정도가 체내물질대사에 이용
- 체내 물질내사에서 생성된 약 4%의 CO_2가 호기에 섞여 대기중으로 방출
- 항상성(homestasis): 자연계에서 O_2와 CO_2가 일정한 농도를 유지하는 이유

[표] 호흡시의 공기조성

구 분	산 소(%)	탄산가스(%)	질 소(%)	수 증 기
흡 기	20.93	0.03	78.10	대기와 동일
호 기	16.00	4.00	79.00	포화상태

- 성인이 안정상태를 유지하기 위한 산소량

  1시간 약 480 L의 공기량. 1일 약 550~600 L(480 L×5/100×24=576 L)의 산소량
- 흡기 중 산소함유량이 약 14% 이하(해면의 2/3)이면 저산소증(hypoxia)
- 대기 중의 산소분압(160 mmHg), 산소농도(21%) 이상이면 산소중독(oxygen poisoning)
- 실내 산소량이 10%이면 호흡곤란. 7% 이하이면 질식사의 위험

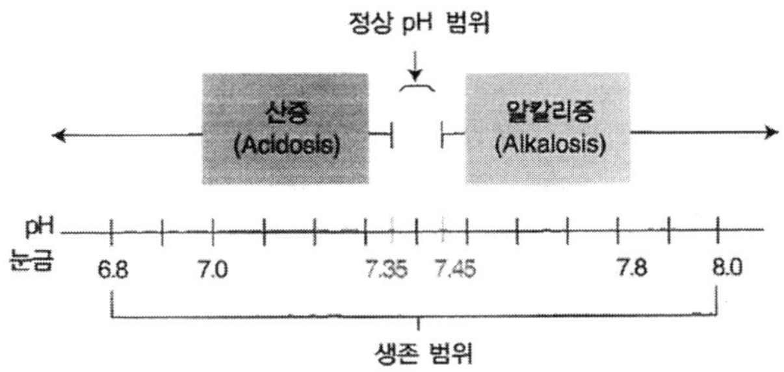

[그림] 동맥혈의 pH

(2) 질소(N_2)의 작용

- 호흡할 때 단순히 기도를 출입할 뿐 생리적으로는 불활성인 기체
- 인체에 직접적 영향은 주지 않지만 산소농도에 다소간 관여
- 급격 기압 강하증(rapid decompression sickness)/잠함병(caisson disease)
  고기압 상태에서 저기압/정상기압으로 갑자기 복귀할 때 체액 및 지방조직에 발생되는 질소가스가 주 원인. 동통성 관절장애
- 3기압: 자극작용
- 4기압 이상: 마취작용
- 10기압 이상: 정신기능 손상. 사망

  ① 호흡할 때 단순히 기도를 출입할 뿐 생리적으로 불활성이므로 인체에 직접적 영향은 없음
  ② 급격 기압 강하증(rapid decompression sickness)/잠함병(caisson disease)
  고기압 상태에서 저기압/정상기압으로 갑자기 복귀할 때 체액 및 지방조직에 질소가스가 발생 모세혈관 차단(기체 색전증) → 동통성 관절장애
  - 3기압: 자극작용
  - 4기압 이상: 마취작용
  - 10기압 이상: 정신기능 손상. 사망

(3) 이산화탄소(CO_2)의 작용

① 산소의 독성과 질소의 마취작용을 증가

② 관절장애(bendo)현상

- 3%↑이면 불쾌감. 5%↑이면 호흡수 증가. 7%↑이면 호흡곤란. 10%↑이면 사망

- 허용치: 0.07~0.1%
- 산소의 독성과 질소의 마취작용을 증가. 관절장애(bendo)현상

(4) 일산화탄소(CO)의 작용

- 물질의 불완전 연소작용의 결과
- 연소초기와 말기에 많이 발생
- 연탄가스 중독: 조직저산소증(組織低酸素症)
- CO+Hb: CO는 O_2에 비해 Hb결합력이 250~300배
- 급성중독, 만성중독(: 미량으로 장기간의 폭로), 신경중독(신경증상)
- HbCO 10%↓이면 무증상. 20%↑이면 임상증상. 40~50%이면 두통. 60~70%이면 의식상실. 80%↑이면 사망
- 인공호흡과 고압산소법
- 치료제: Cytochrome-C 등

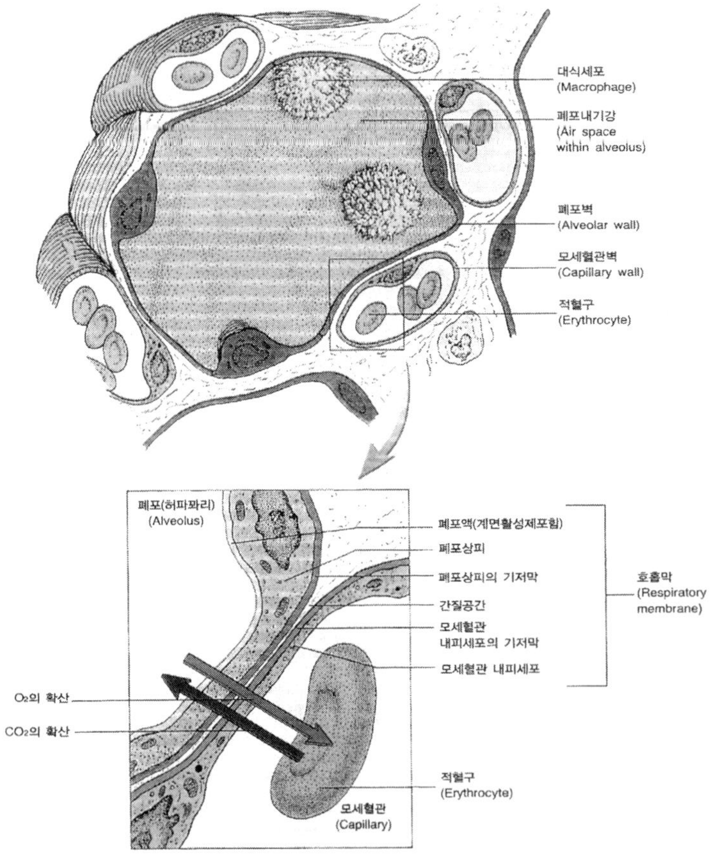

위의 그림은 폐포의 단면, 아래 그림은 얇은 6층의 호흡막을 건너 O_2가 확산한다.

[그림] 폐포와 호흡막

(5) 오존(O_3)의 작용

- 광화학적 산화물(photochemical oxidants)
- 1.0 ppm 이하에서도 기침과 권태감
- 특히, 상기도에 자극을 주어 폐렴(pneumonia) 유발 가능성
- 최대허용농도: 0.1 ppm/0.7 ppm
- 극히 미량으로 함유될 경우는 청정의 지표로도 사용

(6) 공기 이온

- (+) 혹은 (−)로 대전된 부유입자상 물질
- (+) 이온: 교감신경에 대한 자극작용. 불면증 · 두통 · 불쾌감 · 혈압항진 등
- (−) 이온: 부교감신경에 대한 자극작용. 진정작용. 최면 · 진통 · 진해 · 혈압 강하 등
- (−) 이온은 (+) · (−) 이온이 모두 손실될 때는 신체에 대하여 (+) 이온의 작용과 유사한 나쁜 영향을 미침.

(7) 먼지(dust)

① 먼지 정의

크기 1~500 μm의 미세한 입자. 호흡기 침입하여 진폐증 등을 유발하거나 흡수되어 중독증을 유발하는 입자상 물질

② 먼지 종류

- 1~500 μm에 달하는 미세한 입자
- 0.5~5.0 μm의 입자: 폐로의 침착률이 가장 높음.
- 진폐증상 먼지

  5.0 μm 이하의 입자. 폐에 침입. 섬유증식. 결절형성. 폐의 산소 섭취 능력을 방해하여 폐결핵증(lung tuberculosis)을 유발하기도 함(유리규산 · 석면 · 활석 · 흑연 등 광산지대의 먼지).
- 알레르기성 먼지

  천식(asthma), 피부병 유발(꽃/나무 가루, 작은 털 등 삼림지대 및 전원도시의 먼지
- 중독성 먼지

  중추신경계통, 콩팥이나 조혈장기 등에 작용하여 갑자기 급만성 장애를 일으키는 먼지

(납 · 수은 · 카드뮴 · 안티몬 · 망간 · 베릴륨 등의 금속성 먼지와 비소 · 인 · 셀레늄 · 황 등의 화합물 등으로 산업장에서 일어나는 먼지)

- 자극성 먼지

  눈, 호흡기, 소화기 등의 점막과 피부 등을 자극하고 염증(inflammation) 또는 궤양(ulcer)을 형성하고 치아 등을 부식시키는 먼지(산 · 알칼리 · 불화물 · 크롬산 등의 생산 · 사용지역)

- 불활성 먼지

  다량의 입자를 흡입하지 않는 한 특별한 유해작용이 일어나지 않는다고 보는 먼지(석탄 · 석회석 · 시멘트 등을 생산하는 광산지대)

③ 호흡성 먼지(분진)(Respiratory Particulate): PM 10

④ 먼지 측정내용과 측정방법

가) 측정 내용

❶ 농도

❷ 입도분포

❸ 물리화학적 성질

❹ 먼지농도 시간, 공간적 분포

나) 측정법 종류

❶ 부유측정법

직접적 측정방법. 광학적 측정법과 압전식(壓電式) 측정법(piezo balance). 광학적 측정법이 많이 활용되나 연기까지 측정되는 결함

❷ 포집측정법

현미경 측정법과 화학천칭 측정법

⑤ 먼지측정계 종류

가) digital 측정계

나) piezzo balance

다) 여과지 분진계

라) 유리섬 여과재(GFC filter)

마) 섬유성 분진 포집기

⑥ 먼지 허용농도

가) 건강한 근로자가 매일 먼지를 들여마시며 30~40년간 일하는 도중 그 중 1% 정도가 진폐증에 걸리는 기준

나) 미국 ACGIH(위생가 협회)의 TLV(閾値, thereshold limit value)

다) 우리나라 주요 허용 농도

면먼지: 1 mg/m^3

석면먼지: 2개/cm^3

라) 실내 공기의 먼지 청정도: 0.15 mg/m^3 이하(건축 기본법)

⑦ 먼지의 흡입에 대한 인체방어기전

호흡을 통해 인체에 흡입된 먼지는 점액에 포착되어 기관지 점막에 있는 섬모 운동에 의해 상부로 운반되거나(3~4 cm/시간) 재채기 등의 반사작용에 의해 밖으로 배출됨.

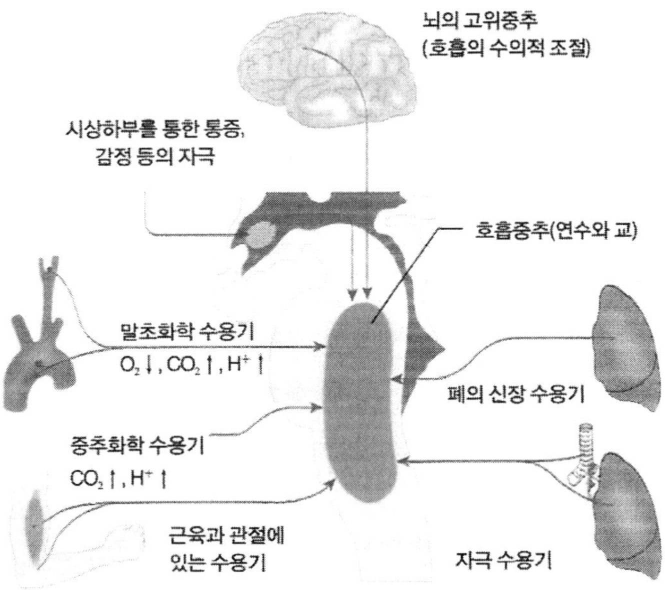

[그림] 호흡의 신경적, 화학적 조절 및 반사작용

(8) 주요 중금속

• 납(lead, Pb)

납은 가장 많이 생산되고 가장 많이 사용되는 유독 중금속이다.

납은 가솔린의 안티녹킹제(antiknocktants)로 사용되어 유기성 알킬납(tetraethyl lead 혹은 tetramethyl lead)으로 대기 중에 배출되어 출현하며 담배 잎에도 납이 함유되어 있어 흡연에 의한 납의 피해 역시 간과할 수 없다.

혈액 중의 납은 혈장보다 적혈구에서 1.5배가량 더 흡수되고 연부조직, 신장, 간 등에도 축적되며 골조직에도 흡착된다. 이러한 특성으로 납의 중독증상이 첫째로 조혈기능 장애로 빈혈 증세를 나타낸다. 이 증상이 계속되면 중추신경계통을 침해하고 간이나 신장에 나쁜 영향을 미칠 뿐만 아니라 더 나아가서는 시신경 위축에 의한 실명, 사지의 경련, 뇌성마비까지 유발한다.

• 수은(Mercury, Hg)

수은은 각종 공업과정에서 촉매로 사용되어 실온에서 증발하여 출현하며 화석연료의 연소과정에서도 배출되어 출현한다. 수은은 무기수은과 유기수은으로 나뉘고 이 두 형태의 수은은 공히 급성 독성증을 나타낸다. 유기수은 중 메틸수은은 만성독성증을 발생시킨다. 무기수은은 신장이나 간에 축적되어 각종 장애를 일으키는데 그 중에서도 신장 세뇨관의 손상이 심하고, 소장이 침해되면 이질을 일으킨다. 유기수은은 무기수은과는 달리 신장으로는 적게 배출되며 주로 창자로부터 배출된다. 미나마따병이 대표적 질병인데 뇌 피질부의 위축을 통한 손가락, 혀 등의 마비와 언어 및 보행장애, 연하곤란 및 청각과 시각의 장해를 나타낸다.

• 카드뮴(Cadmium, Cd)

카드뮴은 아연광 중에 탄소염이나 황화물로 함유되어 있는데 대기 중의 출현은 아연의 정련과정에서 발생하고 주로 금속 흄(hume)으로 나타난다. 이타이이타이(いたいいたい, 아프다아프다)병이 대표적 질병인데 뼈 중의 칼슘 대사가 방해를 받아 뼈의 연화를 초래하고 심한 통증이 생기는 동시에 골절상을 보인다. 급성 중독증상은 구토, 복통, 이질 등이 나타나며 기관지염이나 폐렴을 일으키는 경우도 있다. 만성적인 경우에는 취각신경의 마비와 폐기종 등을 일으키는 한편 이로 인한 동맥경화증이나 고혈압을 유발한다.

• 니켈(Ni)

니켈은 원광석 이외에 무기 석면이나 석탄 중에도 대량 함유되어 있다. 합금에 의한 귀금속 장식품 및 스테인레스 등의 재료로 많이 사용되는데 대기 중의 출현은 채광과 제련과정에서 많이 나타난다. 이 과정에서 발생하는 기체상 유독 니켈물질이 주로 니켈카르보닐인데 주로 작업 환경에서 많이 발생한다. 니켈카르보닐은 질식 · 오심 · 구토 및 두통 등의 증상을 나타내고, 심할 경우에는 호흡촉진, 청색증(cyanosis), 허탈(collapse) 상태에 빠져 죽고 만다.

• 크롬(Chromium, Cr)

크롬은 도색 원료로서 도금업에 종사하는 근로자들에게 직업병을 일으키는데 비중격 천공, 만성기관지염, 발암증상의 전구증을 나타낸다.

• 셀렌(Selenium, Se)

셀렌은 원래 생물의 당대사과정에서의 탈산소반응에 관여하는 동시에 바타민 E의 증가나 지방분의 감소에도 효과가 있으며 비소의 길항제로서도 관여하는 것으로 알려져 있다.

셀렌은 광전지나 정류기의 제조, 구리, 금, 은 등의 금속제련을 할 때나 신문지, 고무, 석탄 등이 연소될 때 반드시 방출된다. 셀렌 원소 자체로는 비교적 해가 없다. 그 산화물인 셀렌 가스나 유기성 알킬셀렌이 유독하다, 셀렌에 급성으로 중독되면 코피, 기침, 현기증. 후두의 부종, 호흡곤란 및 강한 전두부의 두통, 경련, 혈압강하 및 호흡의 불완전 등의 증상을 보인다. 셀렌 함량 5~10 ppm 정도에서 인체나 가축에게 만성 셀렌증을 일으켜서 우울증, 피로, 소화 장해, 황달, 복수증. 간 · 신장 · 심장의 장해 및 비장 장해 등을 수반하는데, 특히 셀렌의 먼지나 가스에 장기간 폭로되면 폐조직 이상 증세를 일으킬 수 있다.

• 바나듐(Vanadium, V)

바나듐은 금속의 정련, 바나듐 함유연료의 연소, 정유공정, 바나듐 합금 생산공정을 비롯하여 황산 생산공정의 촉매로 널리 사용되므로 이러한 사유로 대기 중의 오염물로 출현한다.

인체 생리에 미치는 바나듐의 영향으로는 콜레스테롤, 인지질 및 지방분의 합성을 저해하거나 기타 다른 영양물질의 대사장해를 일으킨다. 고 빈도의 만성 기관지염과 순환기 계통의 질병이 발생하고 특히, 이산화바나듐에 폭로된 근로자는 혈청 콜레스테롤의 양이 평균 10% 저하하고, 소화기, 호흡기 장해, 기침, 폐출혈, 기관지염 및 신장장해 등의 증상을 보인다.

• 아연(Zinc, Zn)

아연도 다른 금속류와 마찬가지로 정제할 때 혼합물로서 금속 흄이 되어 인체에 악 영향을 미친다. 증세로는 오한, 구토 및 고열 등을 나타낸다.

3. 기술적 제어

1) 환기(ventillation)

오염된 실내의 나쁜 공기와 밖의 신선한 공기를 교환하는 것이다.

환기는 후드(hood)나 덕트(duct)내의 기류 유동으로 인공적으로 유도할 수 있고 이때 긴요하게 사용되는 것이 정압(靜壓, static pressure)과 동압(動壓, velocity pressure)이다. 정압이란 관(pipe)내의 여러 장애물(관벽 마찰, 벤드, 밸브 등)에 의해 발생하는 공기 저항을 극복하여 유동을 지속시키는 위치에너지(potential energy)를 이르고 동압이란 단위 체적의 공기가 갖고 있는 운동에너지(kinetic energy)를 이른다.

(1) 환기의 종류

실내의 유해물질과 실외로부터 공급된 청정공기와의 혼합으로 유해물질의 농도를 희석시키는 방법인 전체 환기(total ventillation)와 유해물질이 확산되기 전 포집 · 제거하는 국소 환기(local ventillation)가 있다.

(2) 환기 방식

실내의 공기 압력 차이 또는 온도 차이 등에 의한 공기 이동으로 이루어지는 자연 환기(natural ventillation)와 송풍기 등의 기계적 장치를 이용하여 공기에 물리적인 힘을 가하여 이루어지는 기계 환기(mechanical ventillation)가 있다. 기계 환기는 제 1종, 2종, 3종 환기로 나뉘는데 제 1종 환기란 실내 입 · 출구 창에 후드를 달아놓아 시행하는 고율 환기이고 제 2종 환기란 가장 안정적인 환기로 입구 창에만 후드를 달아 놓고 시행하는 고비용 환기이다. 제 3종 환기란 출구 창에만 후드를 달아 놓고 시행하는 환기로서 우리 주변에서 흔히 볼 수 있는 환기시스템이다. 제 3종 환기는 화장실 같이 실내 공기가 주변 보다 더러운 곳에 사용하는 환기방식이다.

(3) 지델 공식의 소개

실내의 유해물을 제거하기 위한 송풍량을 계산하는데 유용하게 쓸 수 있는 공식이 지델(Siedel) 식이다. 다음과 같이 제 1종 환기가 시행되는 실을 가정할 수 있다.

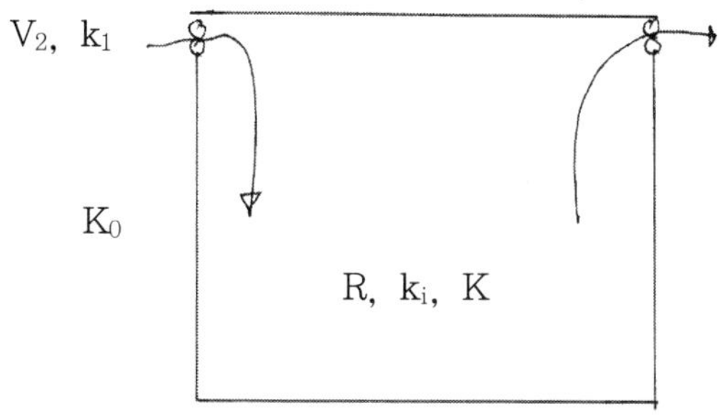

k_0: 실외의 유해물 농도
k_1: 실내로 유입되는 유해물 농도
V_2: 실내로 유입되는 공기 유량
ki: 실내에서 변화하는 유해물 농도
R: 실내의 공기 체적
K: 실내에서 생성되는 물질의 량
V_1: 실외로 유출되는 공기유량

[그림] 제 1종 환기가 시행되는 실

실내에서 변화하는 유해물 량 = 유해물 유입량 변화 - 유해물 유출량 변화 + 유해물 축적량 변화이므로 이것을 미세시간 dt에서의 관계로 나타내면

$$Rdki = k_1V_2 - kiV_1dt + Kdt$$

이 식을 dt에 대하여 적분하여 다음과 같이 나타낼 수 있다.

$$\{K-V(ki-k_1)\}/\{K-V(ko-k_1)\} = e^{-Vt/R}$$

만약, 실내로 유입되는 유해물 농도와 실외의 유해물 농도가 같으면

$$K-V(ki-k_1) = K \cdot e^{-Vt/R}$$

그리고 실내의 유해물 농도를 일정하게 유지하면 e = 0이므로

$$K = V(ki-k_1)$$

환기를 통하여 실내 유해물을 모두 제거한다면 K = 0이므로

$$(ki-k_1)/(ko-k_1) = e^{-Vt/R}$$

이 식을 지델식이라 하고 V/R은 환기 횟수(air exchange number)라 한다.

4.3 신기술 소개

분류	내용
신청구분	신기술인증
진행현황	접수진행중 → 접수 완료 → 공고 진행중 → 공고완료 → 신청서검토 → 평가등록비 안내 → 평가등록비납부완료 → 현장조사 준비중 → 현장조사 완료 → 서류심사 준비중 → 서류심사 완료 → 인증서발급 완료
신청자	미래엔이티(주)
사업자번호	126-81-37899
대표자	이인섭
담당자명	이인섭
담장자부서	총괄
담당자직위	대표이사
E-Mail	dseeco21@hanmail.net
전화번호	031-762-2791
FAX번호	031-764-2759
시설소새시	완도군 고금면 생활쓰레기 소각장내, 사업장폐기물용(고농도의 염화수소 발생) 반건식시스템 후단에 사용하는 물액적을 제거하는 습식스크러버: 경기도 광주시 실촌읍 열미리 440번지 (주)에 코그린내
기술분야	유해가스
기술명	단열팽창발생 및 물액적을 제거하는 습식스크러버/백필터를 이용한 소각가스 제거기술
기술내용	단열팽창 발생 및 물액적을 제거하는 습식스크러버/백필터 시스템을 이용하여 소각가스(먼지, 산성가스, 다이옥신, 수분, 백연)를 냉각과 동시에 제거하는 기술이며, 기존 소각시설용 방지시설인 반건식시스템 후단에 습식스크러버를 설치하여도 다이옥신이 증가하지 않는 새로운 기술이다.
신기술범위	▪ 배치식 소각시설에 다이옥신 저감시설인 백필터를 사용할 수 있는 기술. ▪ 소각시설의 기존 방지시설인 반건식시스템 후단에 습식스크러버를 설치하여도 다이옥신이 증가하지 않는 기술. ▪ 새로운 방식의 습식스크러버는 소각시설에서 발생되어 육안으로 확인할 수 있는 수증기에 의한 백연 및 유증기 등에 의한 백연을 동시에 제거할 수 있는 기술

CHAPTER 5

지구의 기후이변

기후(climate)란 일기(daily weather)의 평균상태를 표시한 대기현상의 총합이고 일기란 1일 동안의 기상상태를 말한다. 기상(weather)이란 晴 · 雲 · 雪 · 雨 · 고기압 · 저기압 · 태풍 등을 말하고 기후요소란 기온 · 기습 · 기류 · 기압 · 풍향 · 풍속 · 강우 · 구름량 및 일조량 등을 말한다.

지구 환경오염 현상으로서 성층권의 오존(O_3)층의 파괴로 인한 유해광선 유입으로 인하여 피부암이 다발하고 CO_2 등 공기보다 비중이 작거나 분해가 잘 되지 않는 가스 배출량 증가에 의하여 지구온실현상(Green House Effect)으로 인하여 Elnino현상과 Lanino현상으로 일컬어지는 기상이변을 낳았고 산성비(acid rain), 사막화현상, 자동차 배기가스가 주원인(도시 대기오염물질 약 60%가 자동차 배기가스)인 도시의 스모그현상(smog)과 함께 지구의 기상과 기후이변을 발생시켰다.

5.1 이상기후

- 지구의 이상기후에 의한 피해: 1990년대 이후 전 세계적으로 광범위하게 발생
- 1998년 한해동안의 기후변화에 의한 피해

  (미국): 플로리다주의 토네이도(회오리 바람) 발생. 캘리포니아주, 네바다주의 홍수발생

  (브라질): 동남부의 미나스세라이주의 집중호우로 인하여 21,000명의 이재민 발생

  (인도네시아): 건조한 날씨에 의한 산불로 2억 달러의 재산피해 발생

  (중국): 양쯔강의 범람으로 3,000여 명의 인명피해 및 211억 달러 규모의 재산피해 발생

- 미국우주항공국(NASA)의 고다드 우주연구소는 폭풍과 홍수, 화재와 한파, A급 허리케인 등은 지구 온난화가 원인이라고 발표
- 지구기온: 과거 2만년 동안 4℃ 상승, 최근 100년 동안 0.5℃ 상승 → 빙산(iceberg)의 붕괴 → 해수면 수위 15 cm 상승
- 향후 2100년까지 기온이 2℃ 상승하면 해수면은 47 cm 더 높아질 것으로 예측(지금 상태라면 서울시 전체가 물에 잠김)
- 21세기 말에는 몰디브 제도(인도양의 섬나라 1,190개의 섬으로 이루어져 있음)나 카리브해의 고도가 낮은 섬들은 물에 잠겨 사람이 살 수 없게 될 수 있음. 특히, 몰디브의 경우 2100년이 되면 국토의 80%가 물에 잠길 위기에 처함. 몰디브는 육지의 80% 이상이 해발 1 m밖에 안됨.

5.2 온실효과와 이산화탄소

- 지구 온실효과의 60% 이상을 차지하는 가스는 CO_2임(CH_4, NO_2, CFC O_3이 관여함).
- 미국 하와이에 있는 해양대기국(NOAA)의 마우나로마 관측소는 1958년부터 대기 중의 CO_2를 측정하여 1950년에 세계 최초로 CO_2의 농도가 상승하고 있다고 보고함.
- 지구 대기중의 CO_2 농도는 1958~1977년까지 매년 평균 1.22 ppm씩 증가됨. 1998년에는 1997년보다 3.04 ppm 상승하여 최대의 상승 폭을 기록함.

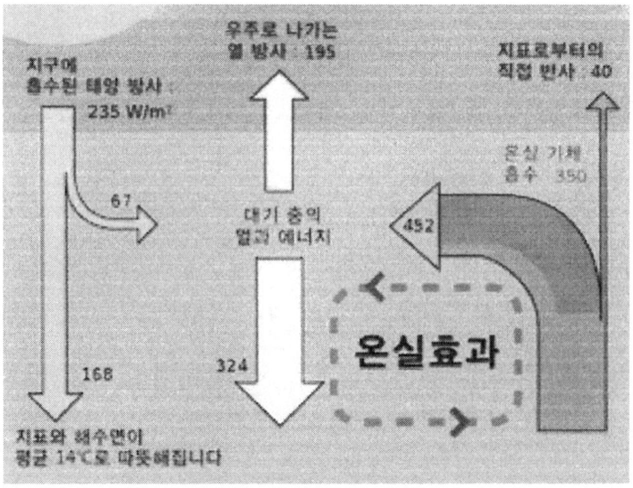

5.3 온난화에 의한 생물의 피해

- IPCC(기후변화에 관한 정부간 협의회)는 온난화 때문에 기후대가 차츰 고위도 쪽으로 이동되는데 이동속도는 연간 1,500~5,500 m로 추정함.
- 유럽에서 서식하는 이동성이 없는 35종의 나비 중, 2/3가 과거 1세기 동안에 35~240 km나 북쪽으로 이동함을 관측함.
- IPCC에 의하면 식물이 기후대의 변화에 맞추어 이동할 수 있는 거리는 연간 수십m에서 2 km 범위임 → 기후대의 이동속도를 따라잡지 못한 식물은 개체수가 감소함 → 식물개체수 감소는 야생동물의 서식에 매우 중요한 영향을 미침.
- IPCC는 향후 100년간 기후대는 극지 방향으로 약 150~550 km를 이동한다고 보고 → 최악의 경우 2100년까지 전체 육지 면적의 9~12% 삼림이 소멸될 것으로 전망 → 삼림은 전체 육지 면적의 29%를 차지하고 있는데, 이는 삼림의 30% 이상이 사라지는 결과임.

5.4 우리나라 기후변화 영향

1. 이상기후에 따른 생태계 혼란

- 지난 75년간(1919~1993) 한반도의 연 평균기온은 1.1℃ 상승(지구 전체적으로는 0.6℃ 상승) → 도시화 및 산업화에 의한 기온상승 0.4℃, 온난화 효과에 의한 상승 0.7℃로 추정
- 1998~2000년 우리나라 기상이변과 생태계 변화

(1998년)

-연초의 폭설, 이상 고, 저온 등 기온 양극화 현상

-3~4월에 피는 꽃이 20여 일 빨라짐.

-양서류, 파충류의 활동이 20여 일 빨라짐.

-4월에 경북 내륙지방 최고온도 33.6℃

-황사현상 9일간 지속

-열대야 현상이 예년보다 빠름(7월7일 시작).

-전국 평균기온은 13.7℃로 평년보다 2.9℃ 높음.

(1999년)

–양서류, 파충류의 활동이 2~3주 빨라짐.

–모기떼 4월말부터 출현(평년은 5월말 경 출현)

–봄꽃이 일찍 피어 분봉을 놓친 양봉가의 벌떼가 도심지에 자주 출현

(2000년)

–1960~2000년(40년) 사이 서울 연 평균기온 1℃이상 상승

–겨울 기온은 1.3~1.8℃ 상승

2. 기후변화와 해양생태계의 변화

• 해수는 대기보다 태양열을 4,000배나 많이 저장하기 때문에 바다는 기후변동의 중심역할 수행

[표] 수온 변화 추세

구분	연평균	겨울	여름	연교차
평균(1916~1995)	△ 0.07℃	△ 0.17℃	▽ 0.07℃	▽ 0.24℃
최근 10년(1985~1995)	△ 0.68℃	△ 1.40℃	▽ 0.67℃	▽ 2.07℃

• 최근 10년간 어획량은 난류성 어종(고등어, 멸치, 오징어)은 증가하였으나 한대성 어종(명태, 대구)은 급격히 감소함.

• 우리나라 연안 해역은 난대성 어종이 70%를 차지하며, 아열대해역으로 변화하는 초기단계에 진입하고 있는 중임.

3. 기후변화와 전염병 발생 양상 변화

• 근년 들어 이상고온과 장마, 폭우의 장기화로 습도가 높아지면서 전염성 질환 병원체의 생존기간 및 번식력이 강해져 전염병 발생 가능성이 높아짐.

• 일본뇌염: 매개 모기인 작은 빨간집 모기의 서식밀도의 감소 및 예방접종 실시로 1982년 이후 감소하다가 1986년 이후는 발생이 없었으나 1998년에 환자 발생이 있었음.

• 말라리아: 1970년대 후반부터 근절되었으나 1993년 휴전선 접근지역에서 환자가 발생된 후 매년 발생이 증가하여, 1998년에는 2,475명이 발생 → 기온상승에 의한 모기의 개체수 증가(예년보다 평균 1.5배 증가)

5.5 기술적 전망

- 온실가스를 유발하는 화석연료 대체기술 및 에너지 이용효율 향상기술
  - 석유, 석탄 등의 사용을 줄이고 LNG, 원자력, 태양광, 태양열, 지열, 수력, 풍력 등 이산화탄소 발생량이 적거나 없는 천연 에너지나 대체 에너지 적극 개발 및 이용
- 온실가스 회수, 처리, 흡수기술과 영향평가 및 적용기술
- 정유, 화학, 운송, 철강, 자동차 등 에너지 다소비업종관련 저탄소 신기술·신공법 및 탄소배출권(CDM)제도를 시행할 수 있도록 하는 탄소배출 농도 및 양 모니터링 기술

5.6 신기술 소개

분류	내용
신청구분	기술검증
진행현황	접수진행중 → 접수 완료 → 공고 진행중 → 공고완료 → 신청서검토 → 평가등록비납부완료 → 현장조사 준비중 → 현장조사 완료 → 서류심사 준비중 → 서류심사 완료 → 현장평가 진행중 → 현장평가 완료 → 존합평가 중비중 → 종합평가 완료 → 인검증서 발급완료
신청자	(주)플라즈마텍
사업자번호	134-81-62517
대표자	박재경
담당자명	이영윤
담장자부서	관리부
담당자직위	주임
E-Mail	luck06@plasmatech.co.kr
전화번호	031-657-1382
FAX번호	031-657-1399
시설소재지	경기도 안성시 공도읍 만정리 50-2 세진전자(주) 엠에이티사업부
기술분야	유해가스
기술명	플라즈마 복합 후처리 공정을 이용한 SF6 고효율 분해시스템
기술내용	■ 고온플라즈마를 이용하여 지구온난화 가스인 SF6를 고온 열분해 하여 SO2 및 F2, HF 등 습식후처리공정에서 효율적으로 처리할 수 있는 물질로 전환, 흡수처리함으로써 SF6의 효율적인 처리를 행하는 기술
신기술범위	고온플라즈마를 이용하여 지구온난화 가스인 SF6를 고온 열분해하여 SO2 및 F2, HF 등 습식 후 처리공정에서 효율적으로 처리할 수 있는 물질로 전환, 흡수처리함으로써 SF6의 효율적인 처리를 행하는 기술

CHAPTER 6 수질오염

수질(water quality)이란 사람의 건강(health)과 복지(welfare)에 영향을 주는 물의 성질을 말하고 수질오염(water pollution)이란 "사람의 일상생활, 상업활동 및 생산활동에서 배출되는 폐수가 공공수역에 혼입되어 수역의 수질이 악화되어 수질이 이용목적에 적합하지 않게 될 뿐만 아니라 사람의 건강과 생활에 피해가 생기는 현상"으로 정의한다.

현행 수질관련 법령을 종합적으로 참고하면 수질오염이란 "물이 천연적으로 가지고 있는 물리적, 화학적, 생물학 또는 세균학적 특성이 상호 연관된 자연적, 인위적인 요인에 의하여 분화함으로써 물이용 상의 지장으로 초래하거나 환경의 변화를 야기하여 수중생물에 영향을 주는 상태로 변화하는 것으로, 좁게는 주로 사람이나 동물의 배설물에 의하여 병원성 미생물 또는 기생충 등이 인체에 질병을 유발하고, 공중 보건 상 위해를 일으키는 등 수질이 악화되는 것을 말한다. 넓게는 자연적 또는 인위적으로 수중에 부패성 물질, 유독성 물질 및 부유물질 등 물 이외의 이물질이 혼입됨으로써 생활, 농업, 공업, 수산 등에 용수 목적에 맞게 사용할 수 없는 상태"로도 정의할 수 있다.

6.1 물의 순환과 수질

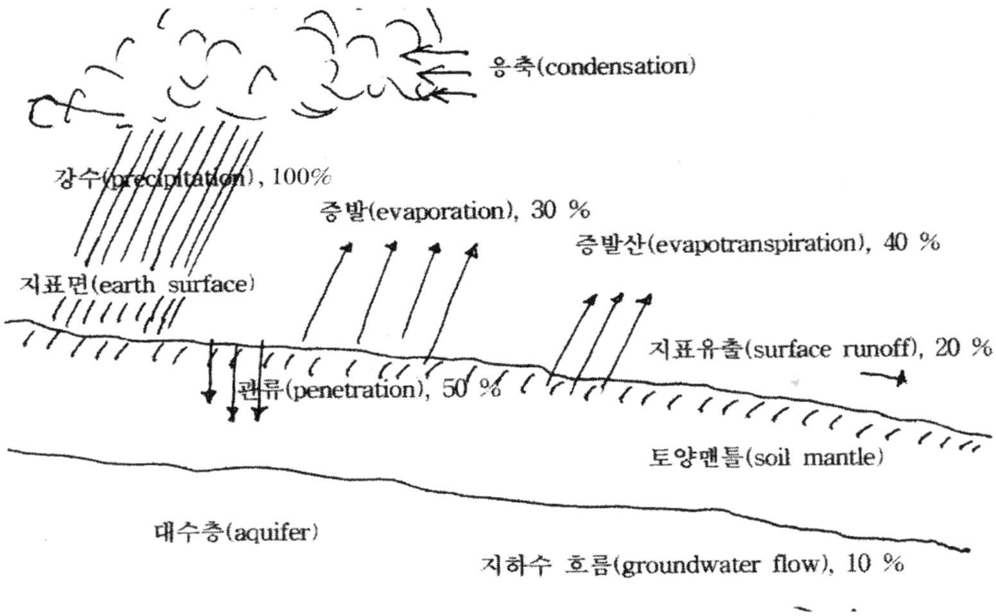

6.2 오염원

하천(river)이나 호수(lake)로 오염물질(pollutant)을 배출시키는 출처(source)

① 점오염원(point source)

: 하수도 종말부 또는 배수로에서 하수가 방출되는 곳으로 배출지점을 파악할 수 있는 출처

② 비점오염원(diffuce source)

: 인간활동에 의해서 육상으로 분산되는 농경지 배수 및 침식에 의한 침출수, 광산유출수, 축산폐수, 우수 등 배출지역이 넓고 일정하지 않은 오염원

③ 배경오염원(background source)

: 자연적인 근원으로부터 배출되는 오염원. 지역의 지형과 지질, 식물의 종류, 기후조건 등에 의해 영향을 받음.

6.3 폐수 종류와 구성성분, 측정법

폐수(wastewater)란 용도가 끝나 폐기된 물을 의미한다. 폐수는 생활폐수(livinghood wastewater)와 산업폐수(industrial wastewater)로 나뉘는데 생활폐수는 가정(domestic-sewage)로서 보통 도시하수(urban sewage)라고도 한다.

1. 폐수의 종류

1) 도시 가정하수(urban domestic sewage)

지난 1970년 미국 Eckenfelder가 규정한 도시민 한 사람당 평균 유량과 유기물 배출량이 미국 내 27개주 73개 도시의 평균값으로 유량이 510 LPCD(liter per capita day), 유기물이 90.7 g BOD_5/head · day이다. 도시 가정하수의 중요 성분은 현탁고형물(SS, suspended solid), 생분해성 유기물(BOD), 병원균(pathogen) 등인데 처리 개념으로 볼 경우 생분해성 유기물이 주요 관심 사항이 된다. BOD는 보통, 단백질(protein)이 40~60%, 탄수화물(carbonhydrate)은 전분(starch), 섬유소(cellulose), 반섬유소(hemicellulose), 리그닌(lignin)으로 나뉘고 함량이 보통 25~50%이다. 지질(lipid)은 지방(fat), 기름(oil), 왁스(wax)로 나뉘는데 함량이 보통 10% 정도이다.

배출된 BOD는 종말처리장으로 이송되어 화학적 전환을 거치는데 다음의 분해과정을 거친다.

단백질 → 아미노산(amino acid) → 암모니움성 질소(NH_4^+-N) → 아질산성 질소(NO_2^--N)
→ 질산성 질소(NO_3^--N)

탄수화물 → 포도당($C_6H_{12}O_6$) → 이당류($C_{12}H_{22}O_{11}$) → 피루브산(pyruvic acid)
→ 에타놀(ethanol) → CO_2 + H_2O

지질 → 지방산(fatty acid) → 글리세롤(glycerol) → 아세트산(acetic acid) → CO_2 + H_2O

2) 산업폐수(industrial wastewater)

산업폐수는 산업시설로부터 배출되는 폐수로서, 생산공정에서 누출되었거나 버려진 폐기물이 액상으로 용수에 추가된 것을 이른다.

산업폐수의 양과 오염강도는 일반적으로 단위 생산량 기준으로 규정한다. 같은 공장의 폐수라도 특성이 변동하므로 통계 분포로 나타낸다. 통계적 변동폭은 폐수를 발생하는 제품과 프로세스의 종류, 조작방법(회분 또는 연속 조작) 등에 따라 달라진다.

산업폐수는 보통, 농공 단지 등의 공단에서 1차 처리를 거친 후 종말처리장으로 이송되어 2차적 처리를 거친다. 산업폐수는 독성이 강한 폐수로서 처리에 특별한 관심을 기울여야 하는 폐수이다. 그러므로 발생원 분석이 중요한데 전형적 폐수 수집계통에는 공장 도처의 다양한 발생원에서 나오는 흐름이 차례로 합류되어, 하나의 흐름으로 방류되거나 처리장으로 유입된다. 처리장 유입수에서부터 시작하여 상류로 올라가면서 폐수 합류점을 추적하므로서 핵심 독성물질의 발생원을 파악할 수 있다. 그 다음에는 각 발생원의 특성을 평가하여 생물처리시설과 같은 기존 사후처리기술로 독성을 제거할 수 있는지를 판단하여야 한다. 이러한 평가과정에서 각 발생원이 배출수 독성에 미치는 영향을 알아낼 수 있다.

2. 폐수 구성성분과 측정법

1) 현탁 고형물(SS, suspended solid)

물속에서 현탁(suspension) 또는 용존(dissolution) 상태로 분산되어지는 오염물질이다.

발생원을 무기성 고형물의 것과 유기성 고형물의 것으로 나누어 보는데 무기성 고형물은 진흙, 개흙(silt: 크기가 0.05~0.005 mm), 점토(clay: 크기가 0.005~0.001 mm) 등의 토양성분과 지표수 및 공업용수 내의 함유물 등이다. 유기성 고형물은 식물 섬유질, 조류나 세균 등의 생물체, 지표수 및 가정하수의 함유물 등이다.

물속에 현탁고형물이 많으면 심미적(esthetic)으로 불쾌감을 주며 독성물질을 발산하여 질병을 유발한다.

현탁 고형물은 유입수의 수질을 측정하고 처리공정을 관리하여 유출수의 수질을 측정함에 이용되는 인자(parameter)이다. 미국 EPA에서는 폐수처리 유출수의 현탁고형물의 농도를 30 mg/L로 추천한다.

❑ 측정

중량법(gravity method)을 이용. 농도(concentration)는 mg/L로 표시. 0.1 μm의 여지(filter paper)에 남아있는 잔류물(residue)의 중량을 측정하거나 도가니(furnace)상의 시료를 증발, 건조한 후의 중량을 재어 측정. 이때 건조온도는 105℃이고 입자표면에 흡착된 액체 제거온도는

180℃, 증발온도는 600℃이다.

물속의 현탁 고형물이 일으키는 주요 수질오염 사항들이 다음과 같다.

① **탁도**(turbidity)

빛이 흡수되거나 산란되는 정도를 이른다.

진흙, 해감, 돌조각, 토양 금속산화물 등의 콜로이드 물질의 침식, 식물 섬유질, 미생물, 비누, 세제 같은 유제(emulsion)의 분산이 유발하는데 탁도가 높으면 심미적인 불쾌감은 물론이요 소독이 어려워지고 조류 및 수생 식물체들의 광합성 반응이 방해받는다.

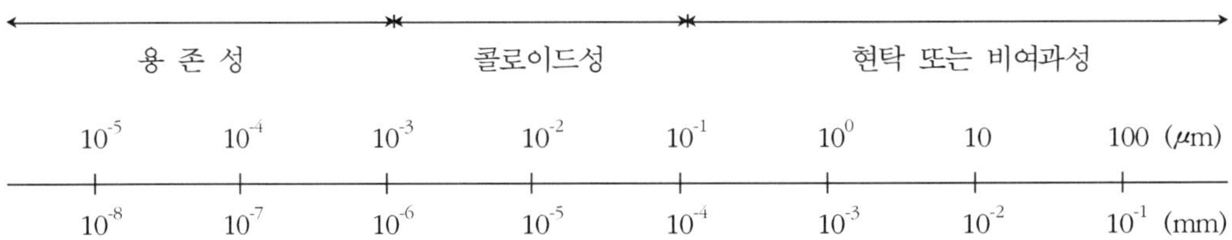

[그림] 물속 고형물질의 크기 분류

탁도는 정수처리된 물의 수질을 확인하는데 이용한다. 대한민국에서는 정수처리된 물의 탁도가 2도 이하이며 미국은 5도 이하이다.

❑ 측정

육안 확인법(method observed by naked eyes)과 네펠로법(nephelometry)을 사용한다.

육안 확인법은 잭슨 탁도계를 이용하는데 삼발이 밑에 설치한 촛불의 빛이 흑색금속으로 둘러 쌓여진 유리 시험관으로 완전히 흡수될 때까지 시료를 시험관에 붓고 이때 유리관내의 탁도를 표준탁도단위(JTU, Jackson Turbidity Unit)와 비교하여 결정함.

• 표준탁도단위

1 JTU = 1 mg SiO_2/L

네펠로법은 광전 검출기(photoelectric detector)를 이용하는 방법인데 광원으로 시료를 쪼이면 이때 나오는 빛의 세기를 포르말린(formalin) 고분자 현탁액과 비교하여 결정한다. 이때 40 FTU는 40 JTU와 같으므로 이것을 이용하여 상대적으로 결정한다.

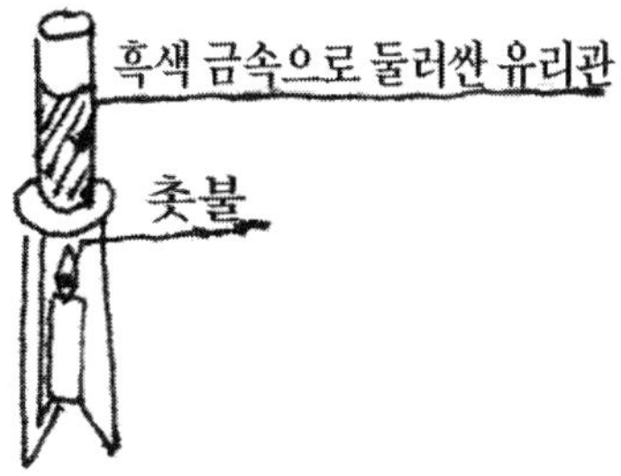

[그림] Jackson 탁도계

② 색도(color)

색은 겉보기 색(apparent color)과 진색(true color)이 있는데 물이 부분적으로 현탁 물질에 의해 색을 나타낼 때 이를 겉보기 색이라 하고 현탁 물질을 제거한 후에 용존물질에 의한 색을 진색이라 한다. 자연계의 물에는 주로 황갈색(yellowish-brown color), 붉은 색(red color), 갈색(brown color), 검은색(black color)으로 나타난다. 나무와 나뭇잎, 잡초 등이 분해되어 탄닌(tannin), 부식산(humic acid)이나 부식산염(humate) 등으로 생성되면 황갈색을 띠게 되고 붉은 색은 주로 산화된 철이 있으면 띠게 된다. 산화망간이 있으면 갈색 또는 검은 색을 띠게 된다.

착색된 물은 심미적으로 좋게 받아들여 질 수 없다. 진색은 보통 비위생적이거나 불안전하게 생각되어지지는 않으나 진색을 띄게 하는 유기물은 염소요구량을 가지게 되어 염소의 살균효과를 크게 감소시킬 수 있다. 페놀화합물은 식물이 부패할 때 생성되는 성분으로 염소와 반응하면 맛과 냄새가 지독한 화합물을 생성하게 된다. 자연적으로 생기는 유기산과 염소와의 화합물은 암을 유발시키는 물질로 알려져 있다.

색도는 상수 중에서 음용수의 수질판독에 이용한다.

❑ 측정

백금-코발트법으로 알려진 분광광도법(spectrophotometry)을 사용한다. 시료채취 후 72시간 이내에 측정하여야 하며 표준색소단위(TCU, true color unit)와 비교하여 결정한다.

• 표준색소단위

1 TCU = 1 mg $PtCl_6^-$/L: 황색이나 갈색계통의 천연수와 유사함.

③ 맛과 냄새(taste and odor)

물에 냄새가 나게 하는 물질들은 거의 대부분 맛을 내게 된다. 그러나 광물질들의 경우 맛은 내지만 냄새는 내지 않는다.

쓴 맛을 내는 것은 주로 알칼리성 무기 물질들이고 짠 맛이나 쓴 맛을 내는 것은 주로 금속염 때문이다. 썩은 달걀 냄새와 맛을 내는 것은 유화수소나 조류 슬럿지가 부패하여 생기는 유기성 기체 때문이다.

유기물질에 의해 생긴 냄새는 단순한 심미적인 문제 이상의 문제를 가지고 있는데, 이러한 물질 중에는 암을 유발하는 물질이 포함될 수 있다.

맛과 냄새는 음용수의 수질파악에 이용한다.

❑ 측정

관능법 및 식염수법을 사용한다. 냄새의 경우 우선, 시료수를 냄새없는 증류수로 희석하고 총량을 200 mL로 하여 40~50℃에서 가열하고 건강한 코와 후각기능을 지니고 있는 사람 5~10인에게 냄새를 맡게 한 후 깨끗한 냄새를 느낄 때의 희석배수치를 구하여 취기도(pO, power of odor)를 결정한다. 취기도는 인간의 감각은 자극의 세기에 대수적으로 비례하는 원리를 이용하여 다음이 공시으로 구한다.

$$pO = (1/\text{Log}2) \times \text{Log}TO = 3.32\text{Log}TO \ [TON]$$

여기서, TO: 희석배수치

• 표준냄새단위

1 TON(threshold odor number)

2) 전 용존 고형물(TDS, tital dissolved solids)

TDS는 현탁 물질을 여과하여 걸러낸 후 600℃에서 1시간 증발시키고 난 후의 잔류물(residue)이다. 이 잔류물은 무기물과 유기물로 나뉘는데 무기물은 주로, 광물질(mineral), 금속 및 기체 등이며 유기물은 음식물의 부패산물이나 유기화학물질이다. 실험실에서는 보통, Wheatstone Bridge 전도계법으로 측정하는데 전해질 용액에 전류를 흘러보냄으로써 저항정도를 측정하여 나타낸다. 단위가 siemens로 저항 단위 ohm의 역수로 mho라고도 한다.

용존물질은 심미적으로 좋지 못한 색깔과 맛과 냄새를 생성시키기도 한다. 어떤 화학물질은 독성이 있고 용존 유기물질 중에는 발암성인 것도 있다.

전 용존 고형물은 용수 및 폐수의 수질분석에 이용한다.

❑ 현장 측정(in-situ test)

이온수지법(ion resin method)을 사용한다. 다음과 같은 모습의 탐침(probe)을 사용하여 공통이온(common ion)을 강량기준으로 합하여 근사적으로 표시한다. 여기에서 공통이온이란 두 종 이상의 전해질이 용액 중에서 생기는 이온 중 양자에 공통인 것을 이르며 공통이온효과(common ion effect)의 예가 이를테면 약전해질인 아세트산 용액에 아세트산나트륨을 용해시키면 아세트산의 이온이 많아져서 수소이온(H^+)의 농도가 크게 감소하는 것에서 찾아볼 수 있다.

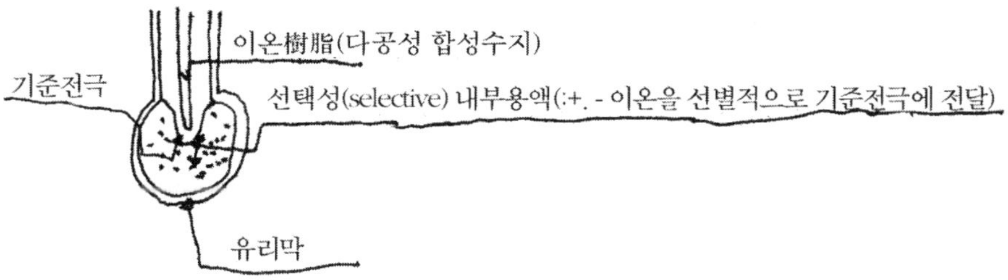

[그림] probe법

3) 유기물(organics)

유기물은 보통, 용존형태로 잔존하기 때문에 위의 TDS의 값으로 나타낼 수도 있다. 그러나 여기서 이야기하는 유기물이란 주로, 인간 활동에 의해 발생하는 것을 이른다.

① **생화학적 산소요구량**(BOD, biochemical oxygen demand)

BOD는 주로, 하수내의 생분해성 유기물(biodegradable organics)인 전분(starch), 지방(lipid), 단백질(protein), 알코올(alchol), 산(acid), 알데히드(aldehide) 및 에스테르(ester) 등이 물속에 얼마나 용존되어 있는지 나타내는 척도이다. 수중 탄소성분 유기물 농도를 표시하는 탄소 BOD(Carboneous BOD)와 질소성분 유기물 농도를 표시하는 질소 BOD(Nitrogeneous BOD)로 구분하며 구하는 방법은 일정 용적의 배양기를 유산소 상태로 조성한 후 호기성 세균에 의해 분해 안정화되는데 소모되는 산소량을 실험적으로 산출하여 구한다. 300 mL의 산소병을 사용하여 20℃에서 5일 동안 도시하수 상등수의 세균을 배양하여 이 값을 나타낸다. 희석법(dillution method)을 많이 사용한다.

하수는 일반적으로, 유기물의 2단계 산화가 일어나기 전에 바다에 유입해 버리므로 미생물에 의한 유기물 소비속도가 1차 반응식으로 표현된다. 스트리터(H. W. Streeter)와 펠프스(E. B. Phelps)는 호기성 세균의 탄소 유기물 소비속도를 다음과 같은 1차 반응식으로 나타내었다.

$$C-BODt = C-BOD_{20\times e}^{-kt}$$

여기서, $C-BOD_t$: t일 후 잔존 유기물의 양

$C-BOD_{20}$: 전체 유기물의 양으로 20일 후의 BOD값으로 나타낸다.

k: 미생물의 탈산소계수

t: 분해기간

$$C-BOD_{20} = 1.5\times C-BOD_5$$

여기서, $C-BOD_5$: 5일동안 측정된 시료내 유기물의 양

② 화학적 산소요구량(COD, chemical oxygen demand)

COD는 시료내의 비생분해성(nonbiodegradable) 유기물의 양을 나타내는 데 사용된다. 비생분해성 유기물이란 주로, 강한 분자결합으로 이루어져 있는 다당류나 고리형태의 구조로 되어있는 벤젠계열 화합물이다. 주로, 산화제 $K_2Cr_2O_7$(potassium di chromate)으로 이러한 비생분해성 유기물을 분해, 안정화시키는데 소모되는 산소량으로 나타낸다. 소요시간은 30분에서 3시간인데 평균 약 2시간 정도 소요된다. 하천수나 호소수의 비생분해 유기물의 양을 구함에는 산화제로 $KMnO_4$(potassium per manganate)를 사용한다.

❑ 측정

미국 표준방법(US. Standard method)으로서 개방환류방법(open reflux method)이 널리 사용된다. 이 방법은 리비히(Liebig) 냉각기가 설치된 일련의 장치에 시료를 충진한 COD 병을 연결한 후 가열하는 것이 핵심인 바 검수에 일정량의 중크롬산칼륨과 황산을 가하여 환류시키면서 2시간 끓이면 시료 중의 피산화성 물질은 다음과 같이 산화된다.

$$Cr_2O_7^{2-} + 14H^+ + 6e \rightleftarrows 2Cr_3^+ + 7H_2O$$

그 후 산화작용에 의해 소비되고 남은 중크롬산칼륨을 황산제일철암모늄용액(ferrous alkyl sulfonate, FAS 용액)으로 적정하여 피산화물과 반응한 중크롬산칼륨의 양을 구하여 계산에 의해 산소소비량을 구한다.

③ 총 유기탄소(TOC, total organic carbon)

TOC는 어떤 유기물을 고온로에서 CO_2로 산화시켜 CO_2 발생량 분석으로 나타낸 총 유기탄소량을 이른다. BOD나 COD 분석처럼 많은 시간이 소요되지 않고 순식간에 분석하는 장점이 있다.

4) 용존산소(DO, dissolved oxygen)

물속에 용해되어있는 산소가스이다. DO가 5 mg/L 이하가 되면 어류가 생존할 수 없고 수질환경보전법상 수산용수는 5 mg/L 이상, 담수의 경우 6.5 mg/L 이상이 되어야 한다고 규정하고 있다. 물속의 종속영양계이며 화학영양계 미생물들이 그들의 성장과 번식을 위한 에너지를 생성하는 도구가 된다.

용존산소 양은 수온이나 기압, 다른 용질의 영향을 받아 수온의 상승과 더불어 감소하며 대기 중의 산소분압에 비례하여 증가한다. 하천이나 호수가 하수나 공장폐수 등으로 오염되어있는 경우 여러 가지 환원물질에 의해 BOD나 COD가 증가하고 DO는 감소한다.

물속 산소는 여러 가지 작용에 의해 증가하거나 감소한다. 증가 요인으로서 첫 번째의 것이 수표면과 공기 접촉 층의 기압 차이 및 온도차이, 바람 등에 의해 생성되는 재폭기작용(reaeration)이다. 이 재폭기작용이 수계에서의 주된 DO 보충 작용이다. 두 번째 요인으로서는 식물성 플랑크톤 및 수생식물의 활발한 광합성 작용(photosynthesis)이다. 호수에서 높은 농도의 조류가 존재할 경우 표수층에서 DO의 과포화 현상이 일어날 정도로 이들의 산소생산 능력은 대단한 것이다. 감소요인으로서는 미생물에 의한 유기물의 산화작용, 무기화합물의 산화작용, 수중 동식물의 호흡작용을 들 수 있다.

❑ 측정

윙클러 아자이드 변법을(Winkler azide modification method) 사용한다. 이 방법의 핵심은 시료 중의 아질산이나 염소이온의 환원작용을 억제하기 위하여 질화나트륨(NaN_3)을 주입하는 방법이다.

시료를 공기와의 접촉을 피해서 채취하고 시료에 황산망간($MnSO_4$) 용액과 수산화나트륨(NaOH)를 가하면 백색 수산화제일망간[$Mn(OH)_2$]의 침전을 형성한다.

$$MN_2^{+} + OH^{-} \rightarrow Mn(OH)_2 \downarrow$$

이 수산화제일망간은 용존산소와 반응하여 용존산소에 대응하는 것만 산화하여 갈색의 수산화제이망간[$Mn(OH)_3$]으로 된다.

$$2Mn(OH)_2 + \frac{1}{2}O_2 + H_2O \leftrightarrow 2Mn(OH)_3$$

이 침전한 망간의 수산화물[$Mn(OH)_3$]을 요오드 이온 ($2I^-$) 존재 하에 농황산을 가하여 용해시키면 용존산소량에 대응하는 요오드를 유리시킨다.

$$2Mn(OH)_3 + 2I^- + 6H^+ \leftrightarrow 2Mn^{2+} + I_2 + 6H_2O$$

이 유리된 요오드를 전분을 지시약으로 하고 치오황산나트륨 표준액(0.025 N $Na_2S_2O_3 \cdot 5H_2O$)으로 적정하면 용존산소량으로 정량된다.

$$I_2 + 2S_2O_3^{2-} \leftrightarrow 2I^- + S_4O_6^{2-}$$

5) 수소이온지수(pH)

1776년 카벤디쉬(Cavendish)가 수소를 처음 발견한 이후 1887년 아르헤니우스(Arrhenius)가 물의 이온화 이론을 발표하였는데 순수한 물은 해리(dissociation)하여 10^{-7} mole/l의 수소 이온 농도를 가진다는 것이었다. 그 이후 수소이온농도는 수소이온지수로 불리우면서 약자로 pH를 사용하고 있는데 이 pH는 현재, 용액의 산 또는 알칼리 상태의 세기를 나타내는데 널리 사용되고 있다.

물속에 용해되어 있는 수소이온의 농도를 말한다. pH는 용액의 산 또는 알칼리 상태의 세기를 나타내는데 널리 사용된다. 순수한 물은 해리하여 10^{-7} mole/L의 수소이온농도를 가진다.

물의 이온화상수는 $K = [H^+][OH^-]/[H_2O]$인데 분모는 분자보다 상당히 크므로 무시하면 $K = [H^+][OH^-] = 10^{-14}$이 된다. 용액에 산이 가해져 수소이온농도가 증가하면 수산화이온의 농도가 줄어들고 염기가 가해져 수산화이온이 증가하면 수소이온농도가 감소해서 서로의 곱이 10^{-14}이 되도록 스스로 조절된다.

이 수소이온 농도를 편리하게 사용하기 위해 pH를 정의한다. 이는 수소이온 농도를 역수로 하여 대수를 치한 것으로 구하는 식은 다음과 같다.

$$pH = -\log[H^+]$$

pH는 대개 0에서 14까지의 범위로 나타내며 pH 7인 경우 완전한 중성을 나타내도록 되어있다.

❑ 측정

보통 탐침법(probe method)을 많이 사용한다. 이 방법에는 수소이온지수 미터계기(pH meter)의 표준화가 중요하다. 표준화 방법이 다음과 같다.

- 온도에 따라 pH가 알려진 표준용액(pH 4, 7, 9)을 준비한다.
- 표준액의 온도를 정확히 20℃로 맞추고 pH7 용액에 담구고 7에서 벗어날 경우 knob를 조절하여 pH를 7로 맞춘다.
- pH 4용액에 담구고 4에서 벗어날 경우 기울기조절 knob으로 pH를 4로 맞춘다.
- pH 9용액에 담구어 pH가 9가 되는지 확인하고 잘 안되었으면 다시 반복한다.

6) 알칼리도(alkalinity)

물속에서 산을 중화시킬 수 있는 물의 능력의 척도이다. 즉, 수소이온을 중화하기위해 반응할 수 있는 물속의 이온량이다. 알칼리도는 주로, 토양 및 대기 중의 광물질들이 물속에 용해됨으로써 생성된다. 광물질들은 인산염(가정세제, 농업용 비료, 살충제 등)과 유기물이 미생물에 의해 분해된 산물로서 황화수소이다.

알칼리도의 보편적 구성성분은 탄산수소(bicarbonate, HCO_3^-), 탄산염(carbonate, CO_3^{--}), 수산화물(hydroxide, OH^-)이다. 이 성분들이 물로 하여금 알칼리성을 나타나게 한다. 이들은 자연계에서는 다음과 같은 방식으로 자연스럽게 생성한다.

$CO_2 + H_2O \rightleftarrows H_2CO_3^*$(대기중 이산화탄소, 유기물의 미생물 분해산물로서 용존 CO_2와 탄산)

$H_2CO_3^* \rightleftarrows H^+ + HCO_3^-$(탄산수소염): $H_2CO_3^*$는 들뜬 상태의 분자구조

$HCO_3^- \rightleftarrows H^+ + CO_3^{--}$(탄산염. 비교적 오래 걸림)

$CO_3^{--} + H_2O \rightleftarrows HCO_3^- + OH^-$(수산화물)

위의 네 과정에서 생성되는 H+이온은 HCO_3^-, CO_3^{--}, OH^-으로 중화되어 자연수는 항상 중성을 띄게 되고 이를 자연수의 완충작용(buffering reaction)이라 한다.

만약 하천이나 호소, 연안에 조류(藻類, algae)가 번성할 경우 조류가 탄소원으로 이산화탄소를 사용하므로 네 번째 과정이 과도하게 진행되어 수질이 알칼리성을 띄게 된다.

알칼리도는 응집제 투입시 적정 pH유지 및 응집효과를 촉진하는 화학적 응집에 이용하고 배수관의 부식을 제어하는데 이용한다.

❑ 측정

산 적정법(acid titration method)을 사용한다. 적정에는 페놀프탈레인(phenolphtaleun)과 메틸오렌지(methylorange)시약이 이용되는데 이들의 적정으로 인해 작성되는 알칼리도 적정곡선이 다음과 같다.

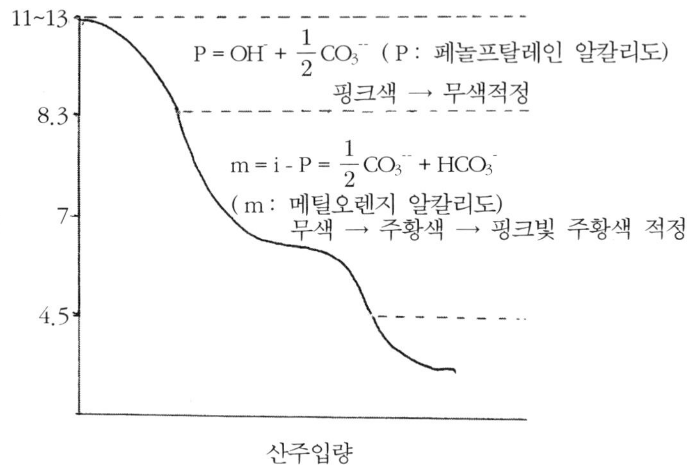

[그림] 알칼리도 적정곡선

위에서 페놀프탈레인과 메틸오렌지 주입량을 mg $CaCO_3$/L로 환산하여 알칼리도를 결정한다. 그리고 편의를 위해 보통, 0.02 N H_2SO_4로 중화하여 pH 4.5 지점까지 주입량으로 총 알칼리도(Total Alkalinity)를 결정하기도 한다. 0.02 N H_2SO_4 1 mL는 석회석($CaCO_3$)으로서 알칼리성분 즉, (HCO_3^- + CO_3^{--} + OH^-)의 1 mg양 만큼 중화한다.

7) 경도(hardness)

물속의 2가 양이온 금속(Ca^{--}, Mg^{--}, Fe^{--}, Mn^{--}, Sr^{--}) 때문에 생성되는 물의 세기이다. 경도가 높은 물은 비누의 계면 활성도를 저하시키고 보일러에 결석(scale)을 생성시키며 다량으로 마실 경우에는 설사(diarrhea)를 하기도 한다. 경도는 음용수 및 공업용수의 물의 세기를 분석할 때 흔히 사용한다. 우리나라는 $CaCO_3$로 환산한 양으로써 연수(soft water)는 50 mg $CaCO_3$/L 미만의 물을 말하고 약한 경수(weak hard-water)는 50~150 mg $CaCO_3$/L, 경수(hard water)는 150~300 mg $CaCO_3$/L로 규정되어 있다.

❑ 측정

분광광도법(spectrophotometry)이나 화학 적정법을 사용한다. 화학 적정법의 경우 시료에 EBT(erichrome black T indicator) 지시약을 주입하여 무색을 붉은 색으로 변화시킨 후 EDTA (ethylene-di-amine-tetra-acetic-acid) 시약으로 적정할 때 붉은 색이 청색이 될 때까지 EDTA 주입량을 mg $CaCO_3$/L로 환산하여 결정한다. 0.01 M EDTA 1.0 mL는 $CaCO_3$로 경도 1 mg에 해당한다.

8) 영양염류(Nutrients)

식물과 동물의 성장 및 번식을 위해 필수적인 물질이다. 보통, 질소(N, nitrogen)와 인(P, phosporous) 등인데 이러한 물질들이 하천이나 호소(湖沼, lake and pond)에 유입되면 조류(藻類, Algae)의 이상적인 증식을 일으켜서 수질을 악화시킨다.

① 질소(N, nitrogen)

질소를 유기성 질소와 무기성 질소로 나뉜다. 유기성 질소는 보통, 킬달 질소(Kieldahl-N)라 부르기도 한다. 무기성 질소는 암모니아성 질소(NH_3-N), 아질산성 질소(NO_2-N), 질산성 질소 (NO_3-N)를 이른다.

질소 자료는 분변성 오염(fecal pollution) 등의 진행 정도를 파악하게 하는 위생지표로 사용된다. 킬달 질소가 검출되는 경우 보통 악취를 동반하는데 이 수질은 혐기성 세균에 의한 분해 및 부패가 진행되는 것을 뜻한다. 암모니아성 질소가 검출되는 경우는 최근에 오염된 것으로서 부영양화(eutrophication)현상이 진행되고 있음을 뜻하고 아질산성 질소가 검출되는 경우는 현재 오염이 진행 중이거나 극히 가까운 시간에 오염이 된 것을 뜻한다. 질산성 질소가 검출되는 경우에는 질산화가 더 이상 진행되지 않는 수질을 뜻한다.

질소 물질의 발생과정이 다음과 같다.

동, 식물의 사체 및 동물 배설물 —(가수분해)→ **단백질** —(가수분해)→ **아미노산** —(가수분해)→

유기성 질소 —(가수분해)→ **암모니아성 질소** —(생물학적 산화반응; *Nitrobacter, Nitrocystis*)→ **아질산성 질소** —(생물학적 산화반응; *Nitrosocuus, Nitrosononas*)→

질산성 질소 —(생물학적 탈산소반응; *Denitrifictionbacter*)→ **질소 가스**

❑ 측정

미국 표준방법으로(US. Standard method) 페네이트(Phenate) 법이나 대한민국 환경오염공정 시험법으로서 부루신(Brucine) 법을 흔히 사용한다. 이 방법들은 분광광도법(spectrophotometry)의 일종으로서 미리 제조된 표준용액을 흡광도 계기로 측정하여 통계기법으로 회귀분석의 결과치로서 산출된 기울기로 된 식에 시료의 흡광도를 대입하여 결정한다.

② 인(P, phosporous)

인은 모든 생물체의 생명활동에 중요한 물질이다. 생물 세포내에서 이루어지는 단백질 합성의 핵산대사물질인데 세포내의 핵산 성분(DNA, deoxyribonucleic acid와 RNA, ribonucleic acid)인 이른바 뉴클레오시드(Nucleoside)에 인산염 형태로 존재한다. 이 핵산대사는 대단히 중요한 것으로서 생명체는 이 핵산대사를 통하여 자기복제(self replication) 현상을 나타내게 된다.

인이 모든 생물체 세포내에 존재하므로 인의 퇴적이 생물체의 사멸을 통한 것으로 이해된다. 자연계에서는 황인, 적인, 백인의 세가지 동소체로 존재하는데 인간은 이러한 인광석을 채굴하여 화약 등의 제조에 사용하여 왔다. 근래에는 가정용 합성세제에 증강제(builder)로 사용되어 수계에 심각한 수질오염을 유발하여 왔다.

물 속에서 인은 정인산염(orthophosphate), 축합인산염(condensed phosphate) 형태로 잔존한다. 축합인산염은 다중인산염(pyrophosphate), 메타인산염(metaphosphate), 폴리인산염(polyphosphate) 형태로 존재하고 폴리인산염이 P_2O_7의 분자식으로 이루어진 합성세제 성분이자 비료 성분이다.

❑ 측정

흔히, 미국 표준방법으로(US. Standard method) 스탠노우스 크로라이드((Stannous Chloride) 법을 사용한다. 질소에서 페네이트(Phenate)법이나 부루신(Brucine)법처럼 분광광도법(spectrophotometry)의 일종으로서 미리 제조된 표준용액을 흡광도 계기로 측정하여 통계기법으로 회귀분석의 결과치로서 산출된 기울기로 된 식에 시료의 흡광도를 대입하여 결정한다.

9) 금속(metal)

주로 철이나 망간 등의 자연 퇴적물이나 공장 및 농경지 배수 속의 금속이 물속에 용해함으로써 출현한다.

❑ 측정

주로, 원자흡광광도법(AA, atomic absorption method)이나 유도플라즈마(ICP, inductive coupled plasma)방법을 사용한다.

6.4 수질오염 지표

수질오염 지표란 수질을 관리하기 위하여 정해 놓은 물리, 화학, 생물학적 지표를 말하며 이 지표는 환경기준(environmental standard)과 배출기준(emission standard)에 의해 통제된다. 환경기준이란 환경보전을 위하여 요구되는 수준이자 행정지도 수준이고 배출기준이란 환경기준을 달성하기 위한 인자별 배출 농도 수준이자 행정규제 수준이다.

[표] 하천의 수질환경기준(환경정책기본법 시행령 제2조 [별표 1])

(1) 사람의 건강보호 기준

항 목	기 준 값 (mg/L)
카드뮴(Cd)	0.005 이하
비소(As)	0.05 이하
시안(CN)	검출되어서는 안 됨 (검출한계 0.01)
수은(Hg)	검출되어서는 안 됨 (검출한계 0.001)
유기인	검출되어서는 안 됨 (검출한계 0.0005)
폴리크로리네이티드비페닐(PCB)	검출되어서는 안 됨 (검출한계 0.0005)
납(Pb)	0.05 이하
6가크롬(Cr6+)	0.05 이하
음이온계면활성제(ABS)	0.5 이하
사염화탄소	0.004 이하
1,2-디클로로에탄	0.03 이하
테트라클로로에틸렌(PCE)	0.04 이하
디클로로메탄	0.02 이하
벤젠	0.01 이하
클로로포름	0.08 이하
디에틸헥실프탈레이트(DEHP)	0.008 이하
안티몬	0.02 이하

(2) 생활환경 기준

등급		상태 (캐릭터)	기 준					
			수소이온농도 (pH)	생물화학적산소요구량 (BOD) (mg/L)	부유 물질량 (mg/L)	용존 산소량 (mg/L)	대장균군 (군수/100mL)	
							총 대장균군	분원성 대장균군
매우 좋음	Ia		6.5~8.5	1 이하	25 이하	7.5 이상	50 이하	10 이하
좋음	Ib		6.5~8.5	2 이하	25 이하	5.0 이상	500 이하	100 이하
약간 좋음	II		6.5~8.5	3 이하	25 이하	5.0 이상	1,000 이하	200 이하
보통	III		6.5~8.5	5 이하	25 이하	5.0 이상	5,000 이하	1,000 이하
약간 나쁨	IV		6.0~8.5	8 이하	100 이하	2.0 이상	–	–
나쁨	V		6.0~8.5	10 이하	쓰레기 등이 떠있지 아니할 것	2.0 이상	–	–
매우 나쁨	VI		–	10 초과	–	2.0 미만	–	–

비고

1. 등급별 수질 및 수생태계 상태
   가. 매우 좋음: 용존산소가 풍부하고 오염물질이 없는 청정상태의 생태계로 여과 · 살균 등 간단한 정수처리 후 생활용수로 사용할 수 있음.
   나. 좋음: 용존산소가 많은 편이고 오염물질이 거의 없는 청정상태에 근접한 생태계로 여과 · 침전 · 살균 등 일반적인 정수처리 후 생활용수로 사용할 수 있음.
   다. 약간 좋음: 약간의 오염물질은 있으나 용존산소가 많은 상태의 다소 좋은 생태계로 여과 · 침전 · 살균 등 일반적인 정수처리 후 생활용수 또는 수영용수로 사용할 수 있음.
   라. 보통: 보통의 오염물질로 인하여 용존산소가 소모되는 일반 생태계로 여과, 침전, 활성탄 투입, 살균 등 고도의 정수처리 후 생활용수로 이용하거나 일반적 정수처리 후 공업용수로 사용할 수 있음.
   마. 약간 나쁨: 상당량의 오염물질로 인하여 용존산소가 소모되는 생태계로 농업용수로 사용하거나, 여과, 침전, 활성탄 투입, 살균 등 고도의 정수처리 후 공업용수로 사용할 수 있음.
   바. 나쁨: 다량의 오염물질로 인하여 용존산소가 소모되는 생태계로 산책 등 국민의 일상생활에 불쾌감을

유발하지 아니하며, 활성탄 투입, 역삼투압 공법 등 특수한 정수처리 후 공업용수로 사용할 수 있음.

사. 매우 나쁨: 용존산소가 거의 없는 오염된 물로 물고기가 살기 어려움.

아. 용수는 당해 등급보다 낮은 등급의 용도로 사용할 수 있음.

자. 수소이온농도(pH) 등 각 기준항목에 대한 오염도 현황, 용수처리방법 등을 종합적으로 검토하여 그에 맞는 처리방법에 따라 용수를 처리하는 경우에는 당해 등급보다 높은 등급의 용도로도 사용할 수 있음

[표] 호소의 수질환경기준(환경정책기본법 시행령 제2조 [별표 1] 2008. 12. 24)

(1) 사람의 건강보호 기준

항 목	기 준 값 (mg/L)
카드뮴(Cd)	0.005 이하
비소(As)	0.05 이하
시안(CN)	검출되어서는 안 됨 (검출한계 0.01)
수은(Hg)	검출되어서는 안 됨 (검출한계 0.001)
유기인	검출되어서는 안 됨 (검출한계 0.0005)
폴리크로리네이티드비페닐(PCB)	검출되어서는 안 됨 (검출한계 0.0005)
납(Pb)	0.05 이하
6가크롬(Cr6+)	0.05 이하
음이온계면활성제(ABS)	0.5 이하
사염화탄소	0.004 이하
1,2-디클로로에탄	0.03 이하
테트라클로로에틸렌(PCE)	0.04 이하
디클로로메탄	0.02 이하
벤젠	0.01 이하
클로로포름	0.08 이하
디에틸헥실프탈레이트(DEHP)	0.008 이하
안티몬	0.02 이하

(2) 생활환경 기준

등급		상태(캐릭터)	기준							대장균군(군수/100mL)	
			수소이온농도(pH)	화학적 산소요구량(COD)(mg/L)	부유물질량(SS)(mg/L)	용존산소량(DO)(mg/L)	총인(T-P)(mg/L)	총질소(T-N)(mg/L)	클로로필-a(Chl-a)(mg/㎥)	총대장균군	분원성 대장균군
매우 좋음	Ia		6.5~8.5	2 이하	1 이하	7.5 이상	0.01 이하	0.2 이하	5 이하	50 이하	10 이하
좋음	Ib		6.5~8.5	3 이하	5 이하	5.0 이상	0.02 이하	0.3 이하	9 이하	500 이하	100 이하
약간 좋음	II		6.5~8.5	4 이하	5 이하	5.0 이상	0.03 이하	0.4 이하	14 이하	1,000 이하	200 이하
보통	III		6.5~8.5	5 이하	15 이하	5.0 이상	0.05 이하	0.6 이하	20 이하	5,000 이하	1,000 이하
약간 나쁨	IV		6.0~8.5	8 이하	15 이하	2.0 이상	0.10 이하	1.0 이하	35 이하	-	-
나쁨	V		6.0~8.5	10 이하	쓰레기 등이 떠있지 아니할 것	2.0 이상	0.15 이하	1.5 이하	70 이하	-	-
매우 나쁨	VI		-	10 초과	-	2.0 미만	0.15 초과	1.5 초과	70 초과		

비고

1. 총인, 총질소의 경우 총인에 대한 총질소의 농도비율이 7 미만일 경우에는 총인의 기준을 적용하지 아니하며, 그 비율이 16 이상일 경우에는 총질소의 기준을 적용하지 아니한다.
2. 등급별 수질 및 수생태계 상태는 가목(2) 비고란 제1호와 같다.
3. 상태(캐릭터) 도안 모형 및 도안 요령은 가목(2) 비고란 제2호와 같다.

[표] 지하수 수질기준(환경정책기본법 시행령 제11조 [별표 4])

1. 지하수를 음용수로 이용하는 경우: 「먹는물 관리법」 제5조에 따른 먹는물의 수질기준
2. 지하수를 생활용수, 농·어업용수, 공업용수로 이용하는 경우

단위: mg/L

항목 \ 이용목적별		생활용수	농·어업용수	공업용수
일반 오염물질 (5개)	수소이온농도(pH)	5.8~8.5	6.0~8.5	5.0~9.0
	대장균군수	5,000 이하 (MPN/100mL)	–	–
	질산성질소	20 이하	20 이하	40 이하
	염소이온	250 이하	250 이하	500 이하
	일반세균	1mL 중 100CFU 이하	–	–
특정 유해물질 (15개)	카드뮴	0.01 이하	0.01 이하	0.02 이하
	비소	0.05 이하	0.05 이하	0.1 이하
	시안	불검출	불검출	0.2 이하
	수은	불검출	불검출	불검출
	유기인	불검출	불검출	불검출
	페놀	0.005 이하	0.005 이하	0.01 이하
	납	0.1 이하	0.1 이하	0.2 이하
	6가크롬	0.05 이하	0.05 이하	0.1 이하
	트리클로로에틸렌	0.03 이하	0.03 이하	0.06 이하
	테트라클로로에틸렌	0.01 이하	0.01 이하	0.02 이하
	1.1.1-트리클로로에탄	0.15 이하	0.3 이하	0.5 이하
	벤젠	0.015 이하	–	–
	톨루엔	1 이하	–	–
	에틸벤젠	0.45 이하	–	–
	크실렌	0.75 이하	–	–

비고
1. 다음 각 목의 어느 하나에 해당하는 경우에는 염소이온기준을 적용하지 아니할 수 있다.
   가. 어업용수
   나. 지하수의 이용 목적상 염소이온의 농도가 인체에 해가 되지 아니하는 경우
   다. 해수침입 등으로 인하여 일시적으로 염소이온 농도가 증가한 경우
2. 농·어업용수 및 공업용수가 생활용수의 목적으로도 이용되는 경우에는 생활용수의 수질기준을 적용한다.

[표] 해역의 수질환경기준(환경정책기본법 시행령 제2조 [별표 1] 2008. 12. 24)

(1) 생활환경

등급	기준						
	수소이온 농도 (pH)	화학적산소 요구량 (COD) (mg/L)	용존 산소량 (DO) (mg/L)	총대장균군 (총대장균군 수/100mL)	용매추출유분 (mg/L)	총질소 (mg/L)	총인 (mg/L)
Ⅰ	7.8-8.3	1 이하	7.5 이상	1,000 이하	0.01 이하	0.3 이하	0.03 이하
Ⅱ	6.5-8.5	2 이하	5 이상	1,000 이하	0.01 이하	0.6 이하	0.05 이하
Ⅲ	6.5-8.5	4 이하	2 이상			1.0 이하	0.09 이하

(2) 사람의 건강보호

등급	항목	기준(mg/L)
전수역	6가크롬(Cr^{6+})	0.05
	비소(As)	0.05
	카드뮴(Cd)	0.01
	납(Pb)	0.05
	아연(Zn)	0.1
	구리(Cu)	0.02
	시안(CN)	0.01
	수은(Hg)	0.0005
	폴리로클리네이티드비페닐(PCB)	0.0005
	다이아지논	0.02
	파라티온	0.06
	말라티온	0.25
	1.1.1-트리클로로에탄	0.1
	테트라클로로에틸렌	0.01
	트리클로로에틸렌	0.03
	디클로로메탄	0.02
	벤젠	0.01
	페놀	0.005
	음이온계면활성제(ABS)	0.5

비고

1. 등급Ⅰ은 참돔·방어 및 미역 등 수산생물의 서식·양식 및 해수욕에 적합한 수질을 말한다.
2. 등급Ⅱ는 해양에서의 관광 및 여가선용과 숭어 및 김 등 등급Ⅰ의 해역에서 서식·양식에 적합한 수산생물 외의 수산생물의 서식·양식에 적합한 수질을 말한다.
3. 등급Ⅲ은 공업용 냉각수, 선박의 정박 등 기타 용도로 이용되는 수질을 말한다.

[표] 먹는 물 수질기준(수돗물 기준)

(먹는물관리법 제5조, 「먹는물수질기준 및 검사등에 관한 규칙」 환경부령 제276호)

No.	구분	항목	수질기준	
			단위	농도
1	미생물에 관한 기준	일반세균	CFU/mL	100이하
2		총대장균군	/100mL	불검출
3		분원성대장균군	/100mL	불검출
4		대장균	/100mL	불검출
5	건강상 유해영향 무기질에 관한 기준	납	mg/L	0.05
6		불소	mg/L	1.5
7		비소	mg/L	0.05
8		셀레늄	mg/L	0.01
9		수은	mg/L	0.001
10		시안	mg/L	0.01
11		6가크롬	mg/L	0.05
12		암모니아성질소	mg/L	0.5
13		질산성질소	mg/L	10
14		카드뮴	mg/L	0.005
15		보론	mg/L	1.0
16	건강상 유해영향 유기물질에 관한 기준	페놀	mg/L	0.005
17		다이아지논	mg/L	0.02
18		파라티온	mg/L	0.06
19		페니트로티온	mg/L	0.04
20		카바릴	mg/L	0.07
21		1,1,1-트리클로로에탄	mg/L	0.1
22		테트라클로로에틸렌	mg/L	0.01
23		트리클로로에틸렌	mg/L	0.03
24		디클로로메탄	mg/L	0.02
25		벤젠	mg/L	0.01
26		톨루엔	mg/L	0.7
27		에틸벤젠	mg/L	0.3
28		크실렌	mg/L	0.5
29		1,1-디클로로에틸렌	mg/L	0.03
30		사염화탄소	mg/L	0.002
31		1,2-디브로모-3-클로로프로판	mg/L	0.003
32	소독제 및 소독부산물질에 관한 기준	유리잔류염소	mg/L	4.0
33		총트리할로메탄	mg/L	0.1
34		클로로포름	mg/L	0.08
35		클로랄하이드레이트	mg/L	0.03
36		디브로모아세토니트릴	mg/L	0.1
37		디클로로아세토니트릴	mg/L	0.09
38		트리클로로아세토니트릴	mg/L	0.004
39		할로아세틱에시드	mg/L	0.1
40		브로모디클로로메탄	mg/L	0.03
41		디브로모클로로메탄	mg/L	0.1

42	심미적 영향물질에 관한 기준	경도	mg/L	300
43		과망간산칼륨소비량	mg/L	10
44		맛	–	무미
45		냄새	–	무취
46		구리	mg/L	1
47		색도	도	5
48		세제	mg/L	0.5
49		수소이온농도	–	5.8–8.5
50		아연	mg/L	3
51		염소이온	mg/L	250
52		증발잔류물	mg/L	500
53		철	mg/L	0.3
54		망간	mg/L	0.3
55		탁도	NTU	0.5
56		황산이온	mg/L	200
57		알루미늄	mg/L	0.2

* 비고: 1,4-다이옥산: 0.05 mg/L (2011. 1. 1 시행)

6.5 지구적 규모 수질오염 현상

❑ 성층현상(stratification)

호수 혹은 흐름이 정체된 하천에서 물이 수심에 따라 여러 개의 층으로 구분되는 현상

- epilimnion: 재폭기, 높은 DO 수준
- thermocline: 중간 정도의 DO 수준
- hypolimnion: DO 없거나 무산소 상태(혐기성 상태)

① 수직전도(turn over)

- 봄, 가을의 표층수 4℃
- 표층수 부피 팽창하여 아래로 이동
- 바닥 침전물 표층으로 이동: 수질 악화 3~5 열전달(heat transmission)

❑ 부영양화(eutrophication)

조류(藻類, ALGAE)가 이상적으로 증식하는 조류개화(algal blooming)가 발생하도록 영양염류 농도가 증가하는 현상

① 피해

- 수영, 낚시 등의 레크리에이션 활동은 중단되고 악취 등으로 취수자체가 불가능하여 짐.
- 상품가치가 높은 송어, 광어 등의 어종이 결국 오염에 강한 잉어, 붕어 등으로 바뀜.
- 이취미(異臭味) 문제. 특히 흙냄새와 곰팡이냄새 및 비린내: 2-MIB(2methylisoborneol)와 Geosmin($C_{12}H_{22}$); 남조류(blue green algae)가 생성

② 한계

- N: 0.2~0.3 mg/L 이상
- P: 0.01~0.02 mg/L 이상
- 가시수심(Secchi Depth): 2 m
- 조류 생장력(algal growth potential, AGP): 5~140 mg chl-a./m^3

③ 수온과 광도 및 체류시간: 25℃, 3000~4000 LUX, 7~10일

④ 인 분뇨, 축산 분뇨, 인 함유 세제 등

6.6 수질오염 피해

1. 물과 건강

인간체중의 60%가 수분이다. 그중 40%는 세포내 액이고 20%는 세포외 액이다. 세포외 액이 간질액(interstitial fluid)과 혈장(plasma)으로 구분된다. 간질액은 세포와 세포 사이에 있는 액체와 혈장이 여과되어 나온 액체로서 전 세포의 액 중 약 3/4(총 체액의 15%)이고 혈장액은 나머지 1/4(총 체액의 5%)이다. 그리고 나머지 뇌척수액, 늑막액, 복수, 소화액 그리고 아주 작은 양으로서 세포횡단수분(transcellular fluid)을 들 수 있다.

인체 내 수분총량은 40~44 L로 알려져 있고 혈액 내에 2~3 L 정도 존재한다. 한 사람이 하루 동안 생리를 유지하기 위해서는 최저 1 L에서 보통은 2~3 L 정도의 물이 필요하다. 사람은 하루 동안 소변 1~1.8 L, 폐 400~500 mL, 피부 400~500 mL, 대변 80~100 mL 정도로 전체 2~3 L가 배설되는데 이 배설되는 수분의 양을 어김없이 외부로부터 보충함으로써 생명을 유지한다.

인체 생리학에서는 한 사람의 1일 물 섭취량을 총 2.6 L로 본다. 이 2.6 L중 1.5 L는 음용수,

0.8 L는 음식물속 물로 섭취하는 것으로 생각한다. 그리고 영양소가 체내에서 대사(산화)될 때 그 부산물로 생성되어지는 양이 300 mL인데 이를 대사수(water of oxidation)라 한다.

❑ 물의 인체 내 작용

① 수분 1% 소실되면 갈증. 체온이 1℃ 상승하면 300 mL의 물이 필요. 5~8% 소실되면 기운이 없고 맥박수와 체온이 상승. 11~15% 소실되면 섬망, 귀먹음 및 신부전 등 발생. 20% 이상 소실되면 순환부전, 신부전 및 세포내 삼투질 농도증가로 인한 세포손상 사망

② 채액을 구성하고 정상농도를 유지하게 함(세포기능의 용매작용)

③ 체내의 화학반응을 일으키고 혈액량 유지, 체내 삼투압 유지

④ 체온조절

❑ 체액

(1) 특성

① 부위, 구획별로 서로 다른 구성으로 이루어짐.

② 체중의 약 50~70%

③ 체액의 비율은 연령과 성별 및 체내 지방조직에 따라 달라짐

- 태아의 체액 량은 체중의 90%
- 노인의 체액 량은 체중의 40%
- 영유아는 성인에 비해 간질액의 양이 많으므로 탈수에 민감
- 체액 량은 지방조직의 양과 반비례: 피부나 근육 등의 수분함유량은 70%인데 비해 지방조직의 수분함유량은 10%에 불과

④ 세포내 액이 총 체액 량의 2/3이고 세포외 액이 총 체액량의 1/3

(2) 기능

① 물에 섞일 때 이온으로 해리(dissociation)되는 전해질(electrolyte)의 (+), (−) 균형유지

- 체내 양이온: [K^++Mg^+](세포내액 주요 양이온), Na^+(세포외액 주요 양이온), Ca^+
- 체내 음이온: [Cl^-+HCO_3^-](세포외액 주요 음이온), HPO_4^{2-}(세포내액 주요 음이온), SO_4^{2-}
- 양이온과 음이온이 서로 전기적으로 균형을 이루어 중성을 띄게 함

② 혈장의 단백질 수분조절

(3) 구성

① 세포내 액

세포내 성분들이 용해되어 있는 액체: K^+, Mg^{2+}, HPO_4^{2-}, 단백질, ATP, ADP 등

세포외 액: 고농도의 Na^+과 Cl^-과 HCO_3^-

② 세포 외부에 존재하는 수분

혈장과 간질액으로 구분

(4) 체액과 전해질의 이동

① 혈관과 간질액(조직액) 구간 사이의 물질 이동

- 혈관과 간질액 구간은 모세혈관 막에 의해 분리되어있음
- 이 모세혈관 막은 수분과 일부 전해질에 대해서는 투과도가 높지만 혈장 단백질에 대해서는 투과도가 없음.
- 모세혈관을 통한 물질이동은 여과에 의함.

❑ 체내 수분의 조절기전

① 항이뇨호르몬(ADH, antidiuretic hormone)에 의한 조절

- 항이뇨호르몬은 시상하부의 시삭상핵(視索上核, supraoptic nucleus)에서 합성되고 뇌하수체 후엽에서 혈중으로 분비
- 분비되는 경우: 혈장 삼투성 농도가 높을 때와 세포외액량 손실이 8% 이상일 때
- 원위세뇨관과 집합관에서 수분의 재흡수를 증가시켜 체액의 삼투질 농도조절

② 갈증과 음수

2. 피해

❑ 사람에 대한 피해

① 탈수증

② 장티푸스, 이질 등의 수인성 질병(waterborne disease)의 병원균(pathogen) 전파매체

(transmission agent)

③ 납, 수은, 비소 등의 중금속이 녹아 있는 물은 중금속 중독 유발

– 미나마따 병(水俣病, みなまた-びょう)

메틸수은이 원인, 뇌 · 중추신경마비 · 언어장애 · 시청각 기능장애 · 팔다리 마비

– 이타이이타이 병(痛い痛い病, いたいいたい-びょう)

카드뮴이 원인, 골연화증(milkman syndrome) · 전신권태 · 피로감 · 신장 기능장애 · 요통 · 보행곤란 · 심한 전신 통증 등

❑ 생태계에 대한 피해

① 물고기, 조개, 물새 등이 사멸(녹조나 적조현상)

② 부식성 개체(saprophyte)의 번성으로 인한 심미적 문제(esthetic problem)

❑ 생활환경에 대한 피해

① 악취(odor)

② 건물, 교각 등의 부식(corrosion)

③ 낚시(fishing), 수영(swimming) 등의 여가생활 지장

④ 불쾌감(displeasure) 등 정신적 질환발생

⑤ 공업용수로 사용하면 불량품이 많아진다.

6.7 수처리: 자연 정화과정의 응용

1. 하천수 자정작용(self purification)

▷ Whipple-Fair 생물학적 모델

① 분해지대(zone of degradation)

② 활발한 분해지대(zone of active degradation)

③ 회복지대(zone of recovery)

④ 정수지대(zone of clear water)(: 수생식물의 작용)

▷ 용존산소수지(dissolved oxygen balance)

하천 자정작용(river self purification)을 이루는 산소의 수지

▷ 용존산소 모형(DO model)

하천유하에 따르는 DO농도 변화를 그림으로 나타낸 모형. 1925 yr. Streeter & Phelps. 하천에서의 산소수하(酸素垂下, oxygen sag)를 수치해석함을 통하여 수학식화하여(Streeter & Phelps 방정식) 이를 전산 프로그램에 이용. 수질관리에 아주 중요한 위치점유

▷ 물리적 과정(Physical Process)

1) 회석(dillution)

- ▸용액(solution)에 순용매(pure solvent)를 더하여 농도를 묽게 하는 것
- ▸희석용량 계산: 물질수지(mass balance)의 원리

• 지천의 오염물질이 본천으로 합류하는 경우

혼합전 오염물질 농도, C_S → 혼합후 오염물질 농도, C_m →

혼합전 하천 유량, Q_S 　　혼합후 하천 유량, Q_m

폐수물질 농도, C_w

폐수유량, Q_w

$$C_SQ_S + C_WQ_W = C_mQ_m$$

cf.) 물질농도 × 유량 = 전체부하량

Dimension Analysis: mg/L × L/day = mg/day

2) 침강(sedimentation)과 재현탁(resuspension)

- ▸침강: 수중의 현탁고형물질(SS)이 물과 분리되어 가라앉는 현상
- ▸재현탁: 침강된 현탁고형물질이 물 흐름의 난류현상으로 재현탁 되는 현상

3) 여과(filtration)

- ▸ 다공성 매개체나 다공성 물질에 액체를 통과시켜 미세한 SS를 제거(고액분리)

4) 기체전달(gas transfer): 폭기(aeration)

▸ 공기 중의 기체분자가 물 분자사이에 용해되는 것

- Henry' Law: 기체가 물에 용해되는 농도가 그 기체의 분압에 비례한다.

$$X = \frac{P}{H}$$

여기에서 X: 1 기압에서 용해된 기체분자의 평형 몰분율(= $\frac{\text{기체몰수}}{\text{기체몰수} + \text{액체몰수}}$)

P: 액체 위에 걸려있는 기체압력

H: Henry Coefficient(흡수계수, 각 기체마다 고유한 값을 지님)

- Dalton's Law(달톤의 분압법칙)

기체 전체 압력, P는 혼합물 성분 기체들의 압력들의 합이다.

$$P = P_A + P_B + P_C + \cdot\ \cdot\ \cdot\ \cdot\ \cdot$$

- 기체이전 이론(theory gas transportation): 경막설(film theory)

6.8 수질오염 방지대책

❑ 오염원 관리

- 모니터링 시스템/컴퓨터 모델링(QUAL 2, WASP 5 등)
- 모델링식은 Streeter-Phelps 용존산소 수하곡선 방정식(DO Sag Curve Equation)에서 출발

❑ 수 처리

- 물리적 처리(physical treatment)
- 화학적 처리(chemical treatment)
- 생물학적 처리(biological treatment)
- 고도처리(advanced treatment)

6.9 수 처리

수 처리(정수+폐수처리)에서 기계, 장치, 공정, 플랜트, 유틸리티의 개념을 이해하여야 한다. 즉, 기계(machine)란 펌프, 모우터와 같이 그 일부 혹은 전부를 움직임으로 작업이 가능한 것을 이르고 장치(apparartus)란 보일러, 변압기, 충진탑 등과 같이 온도, 압력 등의 적당한 물리적 조건을 유지할 목적으로 그 자신을 움직이지 않아도 조작을 할 수 있는 것을 이른다. 계기(instrument)란 온도계, 압력계, 유량계 등과 같이 여러 가지의 양을 측정하는 것을 이르며 공정(process)이란 목적하는 수질을 얻기 위하여 여러 가지 조작을 조합한 체계를 이른다. 프랜트(plant)란 공정에 의한 생산작업을 하기 위하여 여러 가지 장치, 기계를 조합한 일조의 설비이며 유틸리티(utility)란 전기, 연료, 공업용수 및 수증기 등을 공급받는데 필요한 시설이다.

참고로 폐수처리의 목적이 다음과 같다.

- 폐수내의 BOD, SS 혹은 독성물질 등을 제거하여 수자원의 오염을 막는 데에 있음.
- 더 이상 종속영양계의 증식을 뒷받침할 수 없는 정도로 유기물질의 에너지 수준을 낮추는 데에 있음.
- 수역에서 광합성 독립영양계의 M/O의 증식을 억제할 수 있도록 질소, 인 등의 영양물질을 줄 이는 데에 있음.

1. 물리적 처리

1) 스크린(screen)

크기(size)가 약 1 cm 이상인 부유물들이, 계속 연결되는 공정에 과부하로 작용하지 아니하도록 미리 제거하는 조작

❑ 정수의 취수 시설의 스크린

① 조여과(coarse screen)(: 8~10 cm의 bar 간격)와 세여과(fine screen)(:1~4 cm의 bar 간격)

② 이동식 미세 스크린(mobile micro-straining)의 봉간격: 1 cm

③ 용수의 미세여과 (고정식과 이동식 포함)는 algal blooming(조류 번성)시 채용

④ 취수구, pump 전면에 설치, 세여과 장치가 손상될 우려 있을 경우 조여과 장치생략

⑤ screen을 통한 유속: 1 m/sec 이하

❑ 폐수 종말 처리시설의 스크린

① 조여과(coarse screen)

- 8~10 cm의 bar 간격

② 세여과(fine screen)

- 1~4 cm의 bar 간격

③ 수평각

- 30~45°

④ screen을 통한 유속

- 고형물의 침전을 방지하기 위하여 0.6~1.0 m/sec

2) 침사지(grit chamber)

사석만이 침전되고 유기 고형물이 침전되어서는 안 된다. 최대유량에서의 원수와 폐수의 체류시간은 보통 1~3분이다.

① 장방형 침사지(longitudinal grit chamber)의 수평속도

- 0.2~0.4 m/sec

② 이 속도는 비례웨어(proportional weir) 또는 partial plume(파샬프룸)으로 조절

③ 최대 유량일 때 월류율(over flow rate)은 보통, 1830~2000 m^3/m^2-day

비중 2.65 이상이고 직경이 0.2 mm인 석영 모래 입자를 제거할 수 있으며 유기 고형물을 부유상태로 유지시킬 수 있음.

④ 바닥에 기계식 제거장치(: air lift, screw conveyer chain, bucket conveyer 등)를 설치

⑤ 정수 시에는 취수구의 형식에 따라 screen의 전, 후방에 설치

3) 유량균등조(flow equalization tank)

유량균등조(flow equalization tank)를 사용하여 비교적 일정한 유량과 BOD_5, SS의 농도를 다음의 단위 조작에 공급하기 위한 방법

① 부식을 방지하기 위하여 콘크리트 구조물로 된 변동수위 균등조(fluctuating water level tank)와 저류조(storage tank)

- 변동수위 균등조

폭기 및 수위 조절장치가 설치되어 항상 비교적 일정한 유량 및 BOD_5, SS를 다음 단위 조작에 공급하는 단위조작

- 저류조(storage tank)

오직, 처리수를 저장하기 위한 단위조작

4) 침강(settling)

침강조(settling tank)를 사용하여 물보다 비중이 큰 현탁성 고형물, 침강성 고형물을 중력에 의해 가라앉혀 제거하는 조작. 정화(clarifier), 침전(sedimentation), 농축(thickning)이라고도 한다. 대규모에는 장방형, 소규모에는 원통형 사용

① 제 1형 침강(type 1 settling)
- 독립입자의 침강(descrete particle settling)
  부유물 농도가 낮은 상태에서 응결되지 않은 독립입자의 침강
- 비중이 큰 무기성 독립입자의 침강
- 종말침강속도(terminal settling velocity)
  가속도가 0인 지점에서의 침강속도이자 완전한 힘의 평형에 도달한 때의 침강속도
- 표면 침강률(surface loading rate)
  Q, 유량/A, 침강조 평면 수표면적 = 20~40 m/일

② 제 2형 침강(type 2 settling)
- 응결 침강(flocculation settling)
  희박 현탁물의 응집침강
- 지역침강(zone settling)
  침전물과 상부 액체 사이에 경계면(blanket) 발생

[표] 침강 설계기준(장방형)

구분	독립입자의 침강	응결 침강
깊이	2.5~3 m	3~4 m
길이	〈48 m	〈48 m
표면부하율	0~2.5 m/hour	0.6~1.0 m/hour
체류시간	2~4 hour	4~6 hour

5) 부상(floatation)

침강의 역순적 조작

6) 사 여과(sand filteration)

모래를 고정층으로 하고 여러 가지 물 층의 무게를 추진력으로 하여 모래에 의해 수중 고형물이 걸러지는 여과기. 보통, 침강에 의해 게거되지 않는 작은 입자들을 제거

- 공극 크기(pore size): 약 0.2 mm 이하

- 제거 기작

침강 → 관성충돌(inertia collision) → 콜로이드 확산(colloidal diffusion) → 전기화학적, 분자력(Wanderwalls force)적, 물리적 흡착

- 여과기 수력학(filter hydraulics): 여과와 역세척 포함

달사 바이스바흐(Darcy-Weisbach) 공식 → 손실수두에 대한 변형 → 카멘-코제니(Carmen-Kozeny) 공식으로 여과(역세척) 속도결정

2. 화학적 처리

1) 응집(coagulation)

응집제를 첨가하여 급속으로 혼합시켰을 때 콜로이드 상태의 입자와 미세한 부유물질이 불안정화되고 불안정화된 입자가 서로 부착하게 되는 조작

① 콜로이드의 안정성
- 입자간 밀어내는 힘: 제타 포텐셜(Zeta potential, 전기적 반발력)
- 입자간 끌어당기는 힘: 반데르발스 력(Wanderwalls force, 분자력)
- 중력

② 응집제: 양이온(cation) 계로 $Al_2(SO_4)_3$[황산반도], $FeCl_3$[염화제2철]
- 물의 알칼리도와 반응하여 수산화알루미늄 등이 형성되고 이것들이 응집하여 응결함

☞ 응집에서 체 거름 응집(sweep coagulation)이란 점성표면을 지니고 있는 응결 덩어리(floc)에 콜로이드가 이 점성 표면층에 부착하여 침강하는 현상을 말한다.

가교작용(架橋作用, bridging reaction)이란 고분자 응집제는 분자 중에 몇 개의 극성기를 지니고 있어 이 극성이 대전입자에 흡착하여 입자와 입자 간에 가교(架橋)가 형성되는 현상을 말한다.

2) 염소소독(chrolination)

① **소독에 미치는 영향인자**

- 소독제의 물리화학적 성질(physico-chemical characteristics)
- 병원균(pathogen)의 세포화학적 성질과 물질적 상태
- 온도, pH, 전해물질, 방해물질

② **염소가 가장 널리, 소독에 이용되는 이유**

- 낮은 농도에서도 효과적인 살균효과
- 저렴한 가격
- 충분한 양을 투여하면 잔류형태로 존재
- 강한 산화력으로 M/O세포의 효소를 산화

③ **파과점 염소소독**(break point chlorination)

- 45, 70 또는 900 kg의 액화가스가 들어있는 실린더(5~10기압)내에 압축된 액체염소(99.8% Cl_2)로부터 생성된 가스상태의 염소를 2차 처리수와 접촉시키면 크로라민(chloramine)이 생성되는데 크로라민의 생성이 보통 다음의 식으로 설명되어 진다. 즉, HOCl이 수중의 유, 무기물과 반응하여

$$NH_3 + HOCl \rightarrow NH_2Cl(\text{monochloramine}) + H_2O$$

$$NH_2Cl + 2HOCl \rightarrow NHCl_2(\text{dichloramine}) + 2H_2O$$

$$NHCl_2 + 3HOCl \rightarrow NCl_3(\text{nitrogen trichloride}) + 3H_2O$$

이 되고 크로라민의 생성은 pH에 대한 함수로서 pH가 6.0 이상인 경우는 모노크로라민이 지배하고 pH 5정도에서는 디크로라민이 지배한다. 그러므로 특히, HOCl을 수영장 등에 사용할 경우는 종종 산을 첨가해주기도 한다.

- 크로라민의 생성이 종료된 후 주입하는 염소가스는 잔류염소(residue chloride)가 되어 수도관내에서 지속적으로 소독작용을 수행한다. 즉, 이 시점을 파괴점(break point)이라 한다.
- 발암물질 트리할로메탄(trihalomethane)의 생성
  수중에 포화되어 있는 유기물(organic), 휘발성 유기화합물(VOC, volatile organic compound,), 유기산염(humate) + 용존 염소가스 → 클로로 페놀(chlorophenol)(: 불쾌한 맛과 냄새유발) 생성

- 발암물질 트리할로메탄(trihalomethane)의 종류

  $CHCl_3$(chloroform), $CHCl_2Br$(bromodichloromethane), $HClBr_2$(dibromchlormethane)
- 발암물질 트리할로메탄(trihalomethane)의 한계

  0.1 mg/L이하

3) 이산화염소(ClO_2) 처리

- 염소살균으로부터 발생되는 맛과 냄새 해결: 10 mg ClO_2/L
- 암모니아와는 반응을 하지 아니하며 안전한 잔류물 형태로 존재
- 과잉 염소 방법(excess chlorine method): 0.10~3.0 mg ClO_2/L

4) 자외선 방사법(UV irradiation method)

선박의 식수 소독에 이용되어 온 방법. 지속적으로 소독할 수 있도록 잔류물질이 있어야 함에도 불구하고 잔류물질이 없다는 점이 가장 큰 단점

5) 높은 pH 처리(high-pH treatment)(lime stabilization)

선상에서, 선사사 시체들의 부패로 인한 악취의 제거용으로 석회를 이용해 온 것이 역사적 사실이 됨. 염소처리가 부가적으로 사용되어야 함. 석회(lime) 안정화를 통한 슬럿지의 높은 pH처리에는 pH 12를 유지한 상태에서 30분의 접촉시간이 필요함.

6) 오존처리(ozone treatment)

- 가장 강력한 산화제
- 수용액상에서 오존은 매우 불안정
- 오존은 염소처럼 저장할 수 없으므로 반드시 현장에서 제조
- 반대 전극을 띈 대전판이나 관벽에 반대전하를 띈 코일이 감긴 관속으로 공기를 통과시켜 생성시킴.
- 실리카겔, 활성 알루미나 등의 건조제속을 통과시키거나 −40℃~−60℃의 이슬점에서 건조시킨 공기를 갖고 ④의 방법으로 제조: 저렴한 유지비와 긴 수명
- 잔류 오존량, 0.3 mg/L에서 3분동안 폭로시킨 결과 비루스가 완전 파괴

7) 이온교환(ion exchange)

주로, 무기영양물이나 중금속의 제거 및 회수에 응용되는데 이온교환 수지(resin) 충진탑에 강산 양이온이나 강염기 음이온을 채워 놓고 처리 대상 수를 이 충진탑을 통과하게 하여 처리하는 방법이다. 이온교환에서는 선택성 계수(selectivity coefficient)가 중요하다. 선택성 계수란 금속 이온 등이 이온교환을 통하여 잘 처리되는 순을 이야기한다. 지난 1962년 헬페리히(Helfferich)는 선택성 계수에 의한 이온의 선택성을 다음과 같이 발표하였다.

- 양이온

  $Ba^{++} > Pb^{++} > Sr^{++} > Ca^{++} > Ni^{++} > Cd^{++} > Cu^{++} > Co^{++} > Zn^{++} > Mg^{++} > Ag^{+} > Cs^{+} > NH_4^{+} > Na^{+} > H^{+}$

- 음이온

  $SO_4^{--} > I^{-} > NO_3^{-} > CrO_4^{--} > Br^{-} > Cl^{-} > OH^{-}$

3. 생물학적 처리

1) 호기성 현탁 프로세스(Aerobic Suspended Process)

미생물(M/O, microorganism, 이하 M/O) 군이 호기성(: 유산소) 상태의 반응조 내에서 현탁 상태의 플록을 이루면서 기질을 대사하고 증식하는 공정

❑ 활성(活性) 슬러지(activated sludge process)

원래 활성 슬러지란 반응력이 있는 해감(furwater sediment)이라는 뜻임. 그 반응력은 해감의 주 구성요소인 세균, *Zooglea, Escherichia, Paracolobacterium, Nocardia, Bacillus, Pseudomonas, Alcaligens, Flavobacterium* 및 기타의 속을 포함하는 비질산화세균과 균류로서는 *Sphaerotilus, Beggiatoa, Thiothrix, Lecicothrix, Geotrichum* 등

(1) 기작

- 세포와 분자와의 접촉 및 흡착
- 분자의 세포벽침투
- 물질대사

(2) 활성슬러지의 물질대사를 통한 기질제거

① 활동하는 생물은 호기성(aerobic) · 조건성(facultative) · 종속 영양계(heterotroph) · 독립 영양계(autotroph) M/O

② 우점종은 호기성으로서 화학 유기 영양계(종속 영양계) M/O

③ 화학 유기 영양계 M/O의 물질대사

대사작용: 유기물 + O_2 → M/O cell

(a) 이화작용: $(CH_2O)_n + O_2 \rightarrow CO_2 + H_2O + \Delta E$

(b) 동화작용: $(CH_2O)_n + 1/5NH_3 + \Delta E \rightarrow 1/5C_5H_7O_2N + 3/5H_2O$

대사작용: $2(CH_2O)_n + O_2 + 1/5NH_3 \rightarrow 1/5C_5H_7O_2N + CO_2 + 3/5H_2O$

④ 제거대상 기질

- 단당류, 저급지방산, α-아미노산 같이 단순한 분자들
- 다당류, 지질, 단백질 등의 고분자유기물질과 복합유기물질들
- 위의 물질들로 구성된 미세한 입자들

⑤ 기질은 M/O 세포가 감쇠기에 이를 때까지 급속히 감소. 그 후에는 거의 0

⑥ 반면에 산소는 M/O cell이 감쇠기에 들어서서 내호흡에 의한 자기분해가 이루어질 때까지 계속적으로 사용

⑦ 대체로 탄소계의 유기물질이 상당히 제거된 반응 후기에 화학무기영양계인 질산화세균의 활동으로 설명할 수 있음.

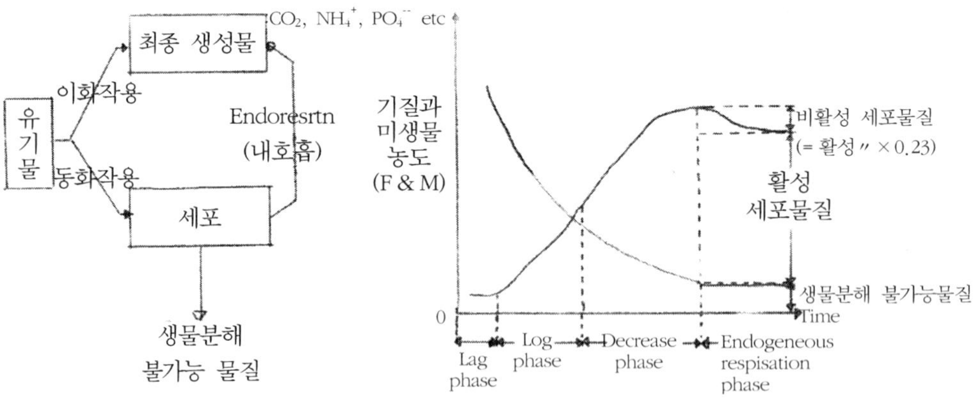

[그림] 활성슬러지 프로세스의 폐수처리 개념

주) 활성 세포물질: 기질로부터 합성된 세포량에서 내호흡에 의한 감량을 뺀 량
비활성 세포물질: 내호흡으로 분해되지 않은 잔류 세포물질. 내호흡에 사용된 활성 세포물질의 23%.
생물분해 불가능물질: 더 이상 M/O에 의해 분해되지 않은 물질

(3) 세포생산에 사용되는 산소량

세포생산계수 Y(g VSS/g 제거된 COD)가 제거되는 단위기질량당 생산되는 세포질량임을 감안할 때

❑ 물질대사의 질량수지식

엑켄펠더와 웨스톤(Eckenfelder & Weston)가 제시한 세포물질산화에 따르는 산소요구량의 정량화학적(stoichimetric) 표현

$$5O_2/C_5H_7O_2N \rightarrow 160\ g\ O_2/113\ g\ VSS \rightarrow 1.42\ g\ O_2/g\ VSS$$

$$g\ COD/g\ VSS = 1.42$$

$$VSS = Y \times \text{제거된 COD}$$

$$1.42\ Y + \text{이화작용에 사용된 COD 비율} = 1.0$$

여기에서 VSS(volatile suspended solid)는 휘발성 현탁고형물을 말하며 SS를 걸러낸 여과지 시료를 도가니에서 550~600℃로 가열 항량하여 소각전후 시료의 무게차로 계산한다.

$$VSS\ mg/L = (A-B) \times \frac{1000}{V} \times P$$

A: 소각전의 여과지 SS 중량(mg)

B: 소각후의 여과지 SS 중량(mg)

V: 여과한 시료량 (mL)

P: 희석 배수

(4) 생물학적 플록의 특성

주로, *Zooglea ramigra* 균주가 점질 매트릭스를 생성하면서 증식하여 플록형성 기여. 기타 세균주에 의한 기여는 아직 확인되고 있지 아니함.

① 최근에는 플록을 형성하는 많은 세균들이 점액상의 많은 다당류물질을 분비하고 그것이 플록형성에 기여한다 함(Tago Y.와 Aida K.).

② 생물학적으로 합성된 고분자 물질들이 세포겉으로 캡슐, 실, 막 등을 형성하여 서로 엉키게 한다고 함.

③ 플록형성을 콜로이드의 전기화학으로 설명하기도 함.

④ 플록의 형성은 세포가 지수 증식기에 있을 때 잘 안되고, 후에 잘된다.

⑤ 많은 사상성 M/O는 절대호기성

⑥ 유기질 탄소원을 놓고 서로 경쟁

⑦ DO가 0.5 mg/L 미만으로 부족할 경우, 산소가 플록안으로 침투하여 그 안의 세균군을 호기성으로 유지하는 것이 어렵게 됨.

⑧ 그러나 균류(fungi) 등은 비표면적이 크므로 산소와 접촉하기가 보다 쉬우며, 긴 균사를플록 밖으로 뻗치게 할 수 있으므로 낮은 DO 농도에서 세균보다 우세해질 수 있음.

⑨ 반응조에 혐기성 상태가 12시간 정도 오래 지속될 경우 균류는 사멸함.

(5) 영향인자

① 온도

$$K_T = K_{20} \times \theta^{T-20}$$

적용범위는 4~30℃이고 θ 값은 100~1.04

② BOD_5: N: P = 100: 5: 1

③ pH: 6.5~8.5

④ F/M 비 :표준 활성슬러지 공정에서 0.3kg BOD_5/kg MLSS/일

여기에서 MLSS란 mixed liquor suspended solid의 약자로서 폭기조에서 혼합되고 있는 액상 현탁고형물을 말한다.

(6) 운전변수로 본 활성슬러지 변법

❑ 재래식 법(conventional method)

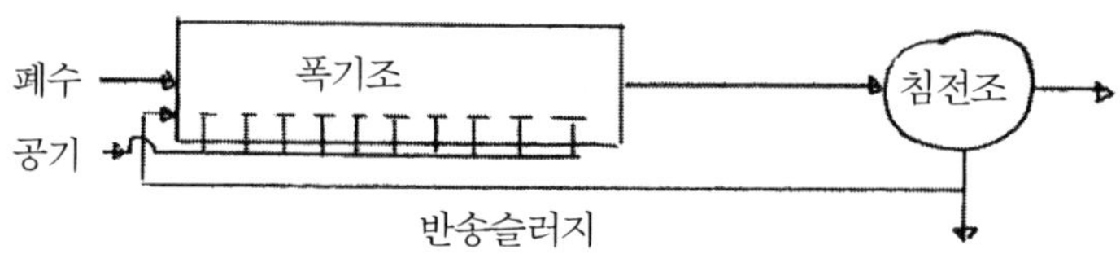

① 폐수체류시간: 4~8시간

② 슬러지체류시간: 4~8일

③ BOD_5 :N: P = 100: 5 :1

④ F/M 비: 0.3 kg BOD_5/kg MLSS/일

⑤ MLSS 농도: 300 mg/L

❑ 고속폭기법

① 폐수체류시간: 2~4시간

② 슬러지체류시간: 2~4일

③ F/M 비: 0.4~1 kg BOD_5/kg MLSS/일

④ MLSS 농도: 3000~5000 mg/L

⑤ BOD제거율이 좋으나 MLVSS의 유실위험성 · 기질 변동에 약함.

❑ 수정폭기법

① 폐수체류시간: 0.5~2시간

② 슬러지체류시간: 1일 미만

③ BOD 제거율: 75%

④ 유입 BOD를 부분적으로 제거

❑ 장시간폭기법

① 폐수체류시간: 충분히 긴 시간

② 대개 인구수 1만인 이상의 소규모 처리장용

③ MLSS의 농도가 높음.

④ F/M 비가 낮음.

⑤ 겨울철을 제외하고는(5℃ 이하) 질소물질도 충분히 산화됨.

❑ 산화구(酸化構, oxidation ditch)

① 폐수체류시간: 16~24시간

② 슬러지체류시간: 15~30일

③ F/M 비: 0.05 kg BOD_5/kg MLSS/일

④ MLSS 농도: 2000~6000 mg/L

⑤ 네델란드의 Pasveer에 의해 개발된 공정

❑ 접촉안정법

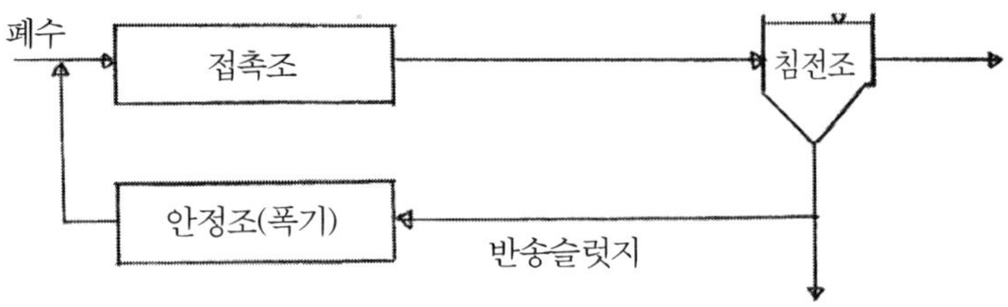

① 접촉조

폐수를 30~60분간 폭기(: 폐수체류시간: 0.5~1시간). 주로 입상이나 콜로이드형 기질의 생물학적 응집 시도

② 안정조

반송 슬러지를 3~6시간 폭기(: 반송슬러지 일령: 3~6시간). 슬러지 세포내에 저장된 기질을 충분히 대사한 내호흡상태가 되도록 유도. [기아상태]의 생슬러지는 흡착 · 생물학적 응집기능을 수행

③ 기질의 용해성 지표, SI = S BOD/T BOD. 0에 가까울수록 좋음.

cf.) 생물학적 응집에 관한 이론
Busch's PHB acid의 플록형성을 돕는 고분자 물질
Tenny, Stumn, Pavini, Echelberger에 의한 ECP(: 전기적 성질, 점성)

❑ Krauss 법

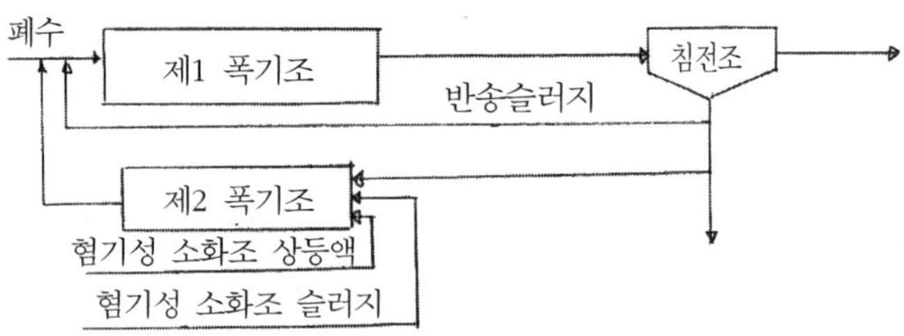

① 제1 폭기조

유입폐수에 영양물질 보충. MLSS의 침강성 향상 유도

② 제2 폭기조

혐기성 소화조의 상등액, 슬러지와 반송슬러지를 혼합하여 폭기, 산화시킴. 이로써 제1폭기조에서 유입폐수에 영양물질을 보충하여 MLSS의 침강성 향상 유도

③ MLSS의 농도가 높음

④ F/M 비가 낮음

⑤ 겨울철을 제외하고는(5℃ 이하) 질소물질도 충분히 산화됨.

(7) 폭기방법으로 본 활성슬러지 변법

❑ 점감식 폭기법

폐수의 산소요구량에 따라 inlet부분에 공기공급을 크게 하고 outlet 부분으로 갈수록 점차적으로 공기공급을 적게 하는 방법

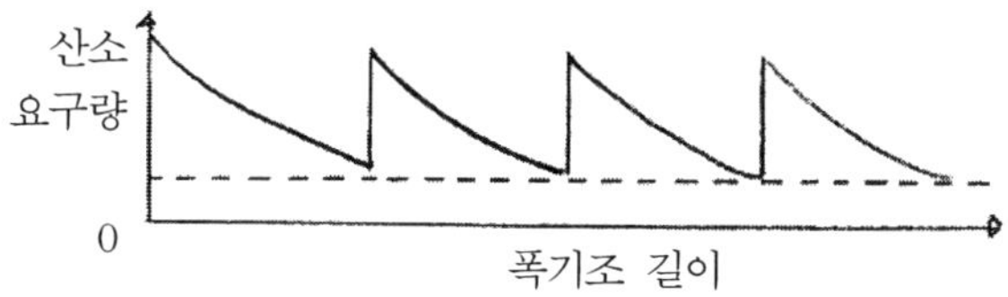

❑ 단계식 부하법

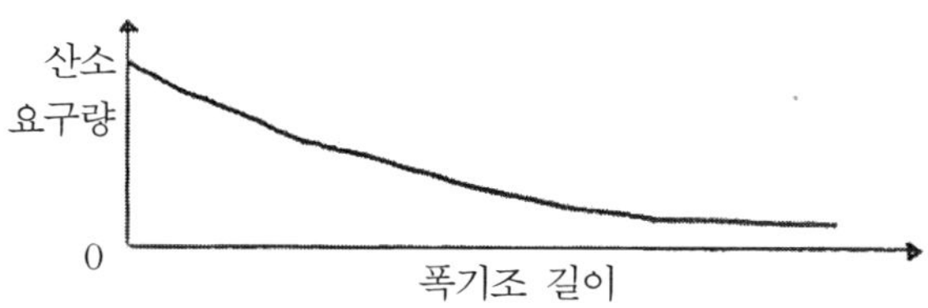

① F/M 비: 0.3 kg BOD_5/kg MLSS/일

② 폭기방법: 산기관식과 기계식 폭기의 연속류 교반 반응기형(CFSTR, continuous flow stirred tank reactor), 압출류형(plug flow type).

③ 폐수 inlet 부분을 여러개로 나누어 처리하므로 반응기 전 길이(帳)에서 F/M 비가 같고 MLSS의 산소소비가 같아지도록 유도함이 용이함.

2) 생물막 프로세스(Biofilm Process)

핵심 원리: 매체(media) 표면에 부착된 M/O를 이용한 폐수처리 → 생물막법(生物膜, biofilm method) · 호기성 부착 증식(好氣性 附着 增殖) 프로세스

❑ 살수여과상(撒水濾過床, trickling filter)

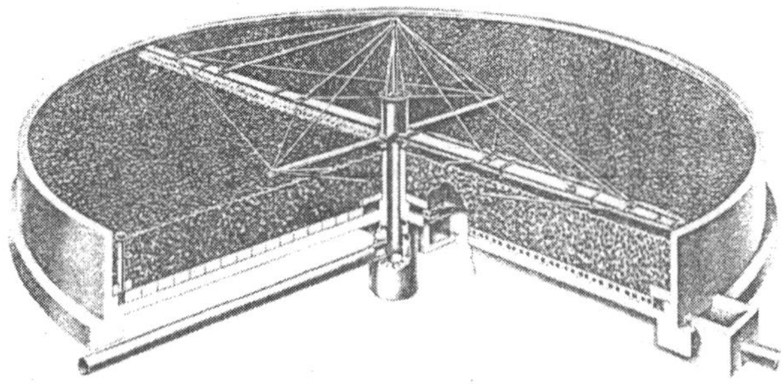

주) 노즐(nozzle)의 추진력으로 회전식 살수기를 운전하기도 함

[그림] 회전식 살수기가 설치된 살수여과상

(1) 역사 및 개요

① 가장 오랜된 폐수처리 방법. 1893년 영국에서 시작

② 기질제거의 근본원리가 활성 슬러지법과 동일(매체를 둘러싼 생물막 심층에 혐기성 부분이 있기도 함.)

③ M/O의 서식 형태와 산소공급방법이 다름.

④ 반응변수와 반응조 구조가 다름.

⑤ 이름과는 달리 여과작용은 없음.

참고) 호기성 부착 증식방법에서는 생물막 심층의 내호흡, 혐기성 대사, 그리고 광범위한 포식 동물의 활동 때문에 슬러지 발생량이 비교적 적음.

(2) 활성슬러지 공법과 비교

- 장점(merit)
  ① 쉬운 운전: M/O량을 조절하지 아니하며 복잡한 기계나 설비가 없음.
  ② 낮은 운전유지비: 연간 에너지소비량은 재래식활성슬러지 방법의 절반에 불과
  ③ 부하변동과 유해물질에 대한 내성: 막 표면 충격이 막 속으로 그대로 전달되지 않음.
  ④ 적은 슬러지 발생량
  ⑤ 휴지기간에 대한 대응력
  휴지기간에도 여과상 내에 있는 일정량의 M/O. 회복력이 빠름.

- 단점(defect)

  ① 냄새와 파리의 발생: 각종 유기산과 H_2S, *Psychoda* genera의 파리

  ② 비교적 낮은 처리효율/처리수의 낮은 투시도

  막외부에 최저 농도의 기질이 있어야 한다는 이론 · 생물학적 응집기능의 결여(Rittman).

  ③ 비교적 큰 손실수두

  ④ 비교적 큰 소요부지면적: 활성슬러지법보다 적은 단위면적당 폐수처리량

(3) 여과상 생물막의 기질제거 원리

❑ 생물막 특성

- 세균과 세균이 분비한 고분자 섬유질
- 세균이 분비한 고분자섬유질은 glycocalyx라는 세포물질 형성
- 세포의 효소(extracellular enzyme)를 간직하면서 기질 분해/섭취
- 표면은 전해질이고 부착성이 강함.
- 그러나 이러한 특성은 기질과 환경에 따라 변함.

① 물리적 특성

- 두께: 2~3 mm

  난류(亂流)에서는 1000 μm이고 이때 유효두께는 200 μm 전후이다.

- 기질의 투수 깊이: 폐수 유량과 농도가 증가하면 투수 깊이도 증가
- 밀도: 난류에서 10~50 mg/cm^2. 가속증식 단계에서 제일 큼(Characklis)

② 화학적 특성

- 생물막과 접하는 화학성분에 영향을 받으므로 원소별 비율이 일정하지 아니함.
- 질소가 부족할 경우 세포의 다당물질이 증가(Bryers)
- 칼슘, 마그네슘 및 철은 막구조의 견고성과 관련한 고분자 섬유질의 분자 간 결합에 영향을 미침.
- 생물막의 총 고형물(TSS) 농도

막 두께와 관련되며 200 μm 두께에서 최대치 110 mg TSS/cm^2. 그 전후의 두께에서 20 mg TSS/cm^{2}까지 감소됨(Hoenn).

참고) 현탁증식하는 생물학적 플록의 10 mg TSS/cm^2 이하의 값보다 상당히 큼. 이러한 점이 생물막 프로세스의 잉여슬러지가 현탁증식 프로세스의 것보다 과밀한 원인이 되고 있음.

③ 생물학적 특성: 매체표면에 부착증식하는 M/O의 종류에 따라 달라짐.

- 매체표면에 세균군 부착 → 집락으로 증식 → 비교적 균질적인 생물막 형성
- 막 표면에 나타나는 큰 섬유성 M/O: *Hyphomicrobium, Sphaerotilus, Beggiata* 등
- 낮은 기질농도에서의 세포밀도/ 생물막 부피: 10^4 – 10^8/cm^2/1 – 10%
- 과도한 증식으로 끊임없이 유출되는 탈리(脫離) 세포막
- 그럼에도 불구하고 안정되어 있음.
- 넓게 분포되어 있는 먹이연쇄의 종: 매체 사이의 벌레, 곤충, 후생동물 등

• 생물막의 형성

생물막은 현탁증식에 대응하는 M/O의 서식형태로서, 얕은 하천에 있는 세균의 90% 이상이 이러한 생물막을 형성

☞ 유체의 마찰력이 크지 않을 때 두께 80 μm 이하인 초기-생물막의 형성

① **용존유기물이 젖은 표면에 부착**: 수 분 내에 이루어짐.

② **M/O 입자의 표면으로의 이동**

③ **분자확산, 와류, 침전, 열영동 등**

④ **M/O의 표면부착**: 초기에는 가역적이고 후기에는 비가역적

⑤ **생물막의 생산**: 세포외 물질인 중합고분자의 생산결과

⑥ **생물막의 부분적 탈리(脫離)**

산소나 기질의 부족으로 인하여 깊은 내부로부터 떨어져 나가는 박리(剝離)현상과는 구별

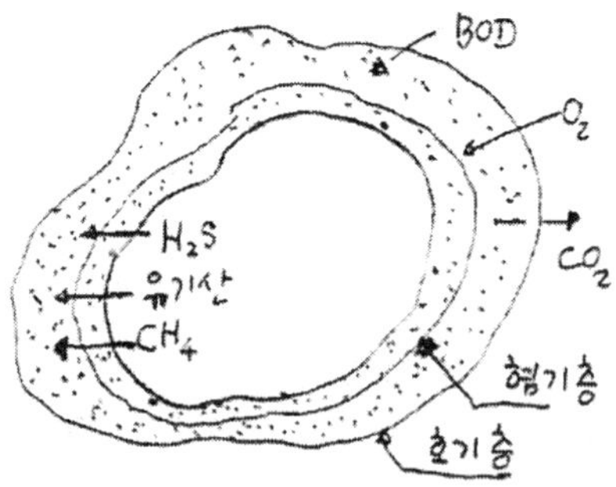

[그림] 매체의 생물막

☞ 정상적 생물막이란 실증식과 감쇠가 없는 상태의 생물막을 말하며 최저농도 미만의 기질은 M/O군을 존속시키기 위하여 필요한 최저에너지에 미달되기 때문에 생물막의 두께는 0이

된다. 리트만(Rittman) 등이 실험한 바에 의하면 아세트산을 제한기질로 할 때 최저농도가 0.66 mg/L이었음. 이 이론은 미량의 영양물질이 용존되어 있는 비교적 맑은 바다나 하천의 돌에 생물막이 없는 이유를 뒷받침한다.

(4) **살수여과상의 분류와 설계 및 운전인자**

- 저율 살수 여과상(low rete trickling filter)
  ① 유기물 부하: 0.11~0.29 kg BOD_5/m^3/일
  ② 단위 수리학적 부하: 1~6 m^3/m^2
  ③ 여과상 깊이: 1.5~2.7 m
  ④ 반송: 야간에 실시(이유: 야간의 폐수유량만으로 회전살포기를 돌리기에 불충분)
  ⑤ 도시하수내의 유기물 제거율: 약 90~95%(유출수 농도: 약 12~25 BOD_5 mg/L)

- 고율 살수여과상(high rate trickling filter)
  ① 유기물 부하: 0.292~94 kg BOD_5/m^3/일
  ② 단위 수리학적 부하: 10~40 m^3/m^2
  ③ 여과상 깊이: 1~2.5 m
  ④ 도시하수내의 유기물 제거율
  – 2단 연속 고율 살수여상: 약 85~90%(유출수 농도: 약 15~35 BOD_5 mg/L): 질산화는 거의 일어나지 아니함
  ◎ 단단(single stage) 고율 살수여상
  ① 메디아: 플라스틱 충진물
  ② 유기물 부하: 0.73~5.5 kg BOD_5/m^3/일
  ③ 단위 수리학적 부하: 40~200 m^3/m^2
  ④ 깊이: 3~12 m
  ⑤ 직경: 3~75 m, 표준 직경: 1.5 m 간격
  ⑥ 도수하수내의 유기물 제거율
  – 약 80~85%(유출수 농도: 약 35~50 mg BOD_5/L)
  – 활성슬러지로 처리하기에 앞서 초벌여상(roughing filter)으로 이용

❑ 호기성 침적 여상(好氣性 沈積 濾床, Aerobic Submerged Filter)

- 보통 접촉산화조라 불리움
- 액상에 미생물매체를 완전히 침적시킨 생물막 반응조
- 폐수의 2차 처리에 이용
- 반응조 전, 후에 1차 · 2차 침전조를 구성
- 벌집형 · 강형 등의 module형 · bulk형 플라스틱 제품 · 돌 등의 매체

(1) 매체(media)의 바람직한 조건

① 생물막의 부착성이 좋고

② 비표면적이 크고

③ 공극률이 크고

④ 통수저항이 크고

⑤ 화학적 및 생물학적으로 안정되어 있고

⑥ 물리적 강도가 클 것

(2) 장점

① 쉬운 운전

② 낮은 운전유지비

③ 부하변동과 유해물질에 대한 내성

④ 적은 슬러지 발생량

⑤ 처리수의 높은 투시도

⑥ 휴지기간에 대한 적응력

(3) 단점

① M/O량과 영향인자를 정상상태로 유지하기 위한 작동이 안됨.

② 폭기용 동력비가 약간 높다.

③ 폐수처리규모 증가에 따르는 척도효과가 없다.

❑ 유동층 생물막 반응조(Fluidizing Biofilm Reactor)

- 반응조 내에 그래뉼 · 파우더 형의 매체를 유동시킴

– 매체 표면에 폐수를 접촉시킴

– M/O의 대사작용으로 기질을 제거

2) 혐기성 프로세스(anaerobic process)

핵심 원리: M/O작용 → 유기물질의 분해와 유기산 생성 → 유기산으로부터 아세트산 생성 → 아세트산으로부터 메탄 생성

(1) M/O작용

① 고형물의 액화

② 용해성 고형물의 소화

③ 가스 생성

(2) 유기물질의 분해와 유기산 생성

① 탄수화물 → 단당류 → 알콜, 알데히드 → 유기산

② 단백질 → 아미노산 → 유기산 + NH_3

③ 지방과 기름 → 유기산(휘발성 산인 유기성 지방산[프로피온산 + 브티르산])

☞ 유기산 형성 세균은 토양 미생물이며 통성 혐기성 세균(obligate M/O)이다. 맥킨니(Mc-Kinney)는 도시 슬러지에 존재하는 M/O로서 넓은 pH 범위에서 생장하는 *Pseudomonas, Flavobacterium, Alcaligens, Escherichia, Aerobacter*를 추천한다.

기질이 가수분해된 후 위 M/O들에 의하여 이산화탄소, 수소, 여러 가지 카르복시산으로 변화될 때까지의 과정이 다음과 같다.

• 산 생성의 이화작용

* 기질 → CO_2 + H_2 + 아세트산: 첫 경로의 반응

* 기질 → 프로피온산 + 브티르산 + 에탄올: 두번째 경로의 반응

(3) 유기산으로부터 아세트산 생성

	ΔG° (KJ/mol)
$CH_3CH_2COOH + 3H_2O \rightarrow CH_3COOH + HCO_3^- + H^+ + 3H_2$ 프로피온 산	+ 75.4

$$CH_3CH_2CH_2COOH + 2H_2O \rightarrow 2CH_3COOH + 2H_2 \quad + 42.3$$
부티르 산

$$CH_3CH_2OH + H_2O \rightarrow CH_3COOH + 2H_2 \quad + 9.6$$

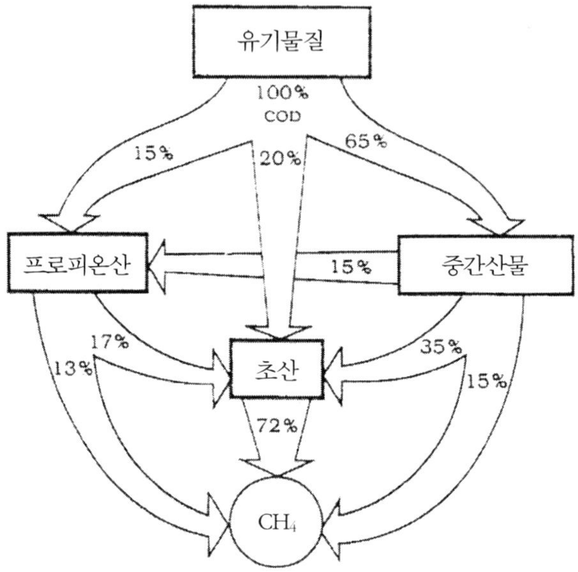

[그림] 생화학적 메탄가스 생성 도표

☞ 브리안트(Bryant)에 의하면 첫 경로의 반응은 열역학적으로 볼 때 시스템내의 수소분압이 충분히 낮을 때에 일어난다고 히였다. 즉, Gibb's free energy가 (-)이어야 한다는 뜻이다.

에탄올이 반응이 외부로부터 에너지 공급 없이 진행되려면 $\triangle G°$ 는(-)이어야 한다. 이것은 발생되는 수소가스를 신속히 제거하여 분압을 낮게 유지함으로써 달성된다. 만약에 시스템내의 수소 분압이 허용수준 10^{-4}기압을 초과하면 아세트산 생성은 중단되고 기타의 산(: 피로피온산/부티르산 등)이 생성된다.

$$4H_2 + CO_2 \xrightarrow{\text{메탄생성 세균}} CH_4 + 2H_2O$$

$$4H_2 + SO_4^{--} + H^+ \xrightarrow{\text{황산환원 세균}} HS^- + 4H_2O$$

따라서 아세트산 생성 세균의 활동은 메탄 생성 세균에 크게 의존한다고 할 수 있다.

(4) 아세트산으로부터 메탄 생성

최종 산물 메탄의 약 72%가 이 루트로부터 생성된다(Jeris & McCarty).

- 메탄 형성 세균

  *Methanobacterium, Methanococcus, Methanosarcina, Methanospirillium*의 4속

- 아세트산, 수소, 이산화탄소, 포름산, 메탄올 등을 먹이로 취함
- 유기산 형성 M/O 보다 느리게 성장
- pH 6.7~pH 7.4의 좁은 범위

❑ 혐기성 소화(anaerobic digestion)

1970년대 두 차례에 걸친 세계 에너지 위기로 인하여 전 세계적으로 널리 연구되어 온 공정이다. 이 공정은 폭기가 필요하지 않고 유입기질의 90% 이상을 유가가스로 4% 정도만을 미생물 세포물질로 전환시킬 수 있는 장점이 있다. 그러나 10~60일이 걸리는 반응시간이 길고 산 생성상과 메탄생성간의 반응차이에서 오는 운전곤란, 악취 발생 등의 단점이 있다. 19세기 말엽 유럽에서 시도되어 20세기 초엽부터 폐수처리 분야에 적용되기 시작하였는데 1904년 독일의 칼 임호프(Karl Imhoff)가 오늘날의 정화조(septic tank)의 원조인 임호프 탱크(imhoff tank)를 개발한 것이 본격적인 공학적 접근으로 평가되고 있다. 우리나라에서는 1976년 춘천시 근화동 하루 100톤 규모의 분뇨처리에 이용되었고 1979년 서울시 성동구 군자동에서 하루 21만 톤 규모의 중랑천 하수처리장의 슬러지 처리에 이용된 바 있다.

적절히 운전되고 있는 소화조에서 생성되는 가스는 약 55~75%가 CH_4이고 약 25~45%가 CO_2, 나머지가 황화수소, 수소, 질소 등의 미량 가스인데 대개 가열 및 전기생산에 이용한다.

슬러지 가스는 폭발성이 있으며 황하수소는 부식성이 있고 독한 가스이다.

생성되는 바이오 가스의 열량은 35,800 KJ(8556 Kcal CH_4/m^3 at STP, 530~730 Btu/ft^3)인데 내연기관용 가스로 사용하기 위해서는 CO_2, H_2S 등의 불순물을 제거하여야 한다.

(1) 영향인자

수소를 제거하는 메탄 생성 세균의 증식이 가장 중요. 메탄 생성 세균은 유기성 지방산 생성 세균과 아세트산 생성 세균 등의 증식속도보다 가장 더디고 환경변화에도 민감

① pH

- 최적범위: 6.8~7.4

- 메탄 생성세균은 pH에 따라서 용도가 달라짐
- CO_2는 물에 잘 녹되 pH에 따라서 용해도가 달라짐
- pH는 바이오가스의 CO_2 함량에 영향을 미침
- 메탄가스는 물에 잘 녹지 아니하며 pH의 영향을 받지 아니함
- 탄산수소산(중탄산, HCO_3^-)이 반응조 내의 pH 변화로부터 적정 pH범위를 유지하도록 그 완충능력을 발휘함에도 불구하고 기질의 충격부하 등 반응조의 상태가 고르지 못한 경우에 그것이 고갈되어 pH 적정치 이하로 내려갈 수 있음
- 그렇게 되면 메탄 생성 세균의 증식이 억제되고 반응조는 기능이 정지됨
- pH가 8로부터 약 6.3으로 내려감에 따라 반응조 내의 pH 완충능력이 급격히 상승
- 낮은 pH는 중금속의 용해도를 높이고 다른 영향인자와의 상승 작용으로 반응을 저해

② 온도

- 메탄 생성은 세균은 다른 세균들보다 온도에 아주 민감
- 그러나 반응조내의 여러 세균 종들은 2시간 정도로 지속되는 역온도에 대하여 상당한 회복력이 있음
- 혐기성 반응에 역효과를 미치는 온도 범위
  * 중온(~35℃)에서 2℃
  * 고온(~55℃)에서 0.5℃
- 고온 소화는 중온소화에 비해 메탄 생성 속도가 약 2배 정도 빠름
- 조(槽, tank reactor)의 소요 용적도 반 정도로 감소됨
- 그러나 온도변화와 기계적 운전 부조 등에 보다 더 민감

③ 영양염류

- 질소, 인, 무기질 이온
- 내용이 비교적 단출
- 도시 슬러지, 분뇨, 가축 분 등에는 대개 필요한 것들이 들어 있으나
- 일부 공장 폐액, 퇴비용 볏집과 풀 등에는 결핍되어 있음
- 질소의 농도가 높으면 암모니아가 독성을 미칠 수 있으므로 탄소 질소비(C/N ratio)가 30으로 추천됨

④ 독성물질

- 암모니아(80 mg/L), 암모늄 이온(1500 mg/L), 휘발산 중 프로피온 산(1000 mg/L), 무기염 및 중금속(낮은 농도에서는 반응을 촉진하지만 높은 농도에서는 억제)
- 반응조내의 많은 물질은 일정 수준이상의 농도를 넘으면서 세균증식을 억제
- 그러나 중금속은 세포물질에 흡착되어 반응은 계속 진행됨
- 세균의 길항작용 및 상승작용을 감안하여 연속류 시스템에서 최적 메탄 가스 생성속도로 독성물질로부터의 방해작용을 극복

[표] 혐기성 반응을 50% 억제하는 용해성 중금속의 농도

중금속	대체적 농도(mg/L)
Fe^{++}	10^{-1}
Zn^{++}	10^{-4}
Cd^{++}	10^{-7}
Cu^{+}	10^{-12}
Cu^{++}	10^{-16}

(1) 생물가스(biogas) 발생량

기질의 탄수화물일 경우 생성되는 가스의 몰 비율은 대체로 다음 식을 따른다.

$$CnHaObNc + H_2O \rightarrow CH_4 + CO_2 + C_5H_7O_2N + NH_4 + HCO_3^-$$

$$CnHaObNc + (2n+c-b- 9Sd/20 - ad/4)H_2O$$

$$= da/8 \cdot CH_4 + (n-c-Sd/5 - ad/8 \cdot CO_2 + Sd/20 \cdot C_5H_7O_2N + (c-Sd/20)$$

$$+(c-Sd/20)HCO_3^-$$

여기서, d=4n+a−2b−3c이고 S+a=1

그리고 S는 탄소동화작용에 사용된 기질의 비율이고 a는 이화작용에 사용된 기질의 비율인데 S값은 다음과 같이 결정된다.

$$S = Sm * (1 + f * b\theta)/ (1 + b\theta)$$

여기서, Sm: S 값의 최대치

f: 생물분해 되지 않는 세폼눌질의 비율, 0.23

b: 세포물징의 감쇠속도상수, −r/X

여기서, r: 세포물질의 감속속도, g/L/일

X: 세포물질 농도, g/L

θ : 슬러지 일령, 일

[표] 메탄발효에 있어서 Sm값

기질	Sm	세포생성계수
탄수화물	0.28	0.20
단백질	0.08	0.056
지방산	0.06	0.042
도시(가정) 슬러지	0.11	0.077
에탄올	0.11	0.077
메탄올	0.15	0.11
벤조익 산	0.11	0.077

(7) 소화조 부피

V=[V1−2/3(V1−V2)]t

여기서, V: 소화조 부피, m^3

V1: 매일 투입되는 생슬러지 부피, m^3/day

V2: 매일 생성되는 소화된 슬러지 부피, m^3/day

t: 소화시간, day

(8) 고율 소화조 및 저율 소화조

• 고율 소화조(high rate anaerobic digester)

① 소화기간: 10~20일

② 유기 고형물 부하: 2.40~6.40 kg vss/day−m^3

③ 연속적 혼합/연속 또는 간헐적 슬러지 주입 및 유출

④ 균질한 상태(homogeneous state)의 내용물

• 재래식(conventional) · 저율(low rate) 소화조(anaerobic digester)

① 단단 소화조 형식. 부동식 덮개(floating cover)/고정형 덮개(fixed cover)

② 부동식 덮개의 표준 직경: 4.5~5.0 m, 1.5 m 간격으로 표준화

③ 소화기관: 30~60일

④ 유기 고형물 부하: 0.65~1.60 kg vss/day−m^3

⑤ 간헐적 혼합 및 주입/간헐적 슬러지 유출

⑥ 혼합이 진행되고 있는 동안을 제외하고 항상 층을 이루고 있는 상태

☞ 기타 혐기성 프로세스

(1) 혐기성 접촉 프로세스(anaerobic contact process)

① 활성슬러지 프로세스와 결합한 프로세스

② 용해성 기질과 콜로이드를 주성분으로 하는 중간 농도의 유기질 폐액의 처리

③ 육 가공폐수 등 농후한 유기질 공장폐수의 처리

④ 유입수 BOD는 1000 mg/L 이상의 적합(혐기성 접촉조 가열에 의한 열 획득 목적)

⑤ 보조연료를 쓰지 않으려면 5000 mg COD/L 이상이 적합하다고 로렌스(Lawrence)가 추천

⑥ MLVSS 농도: 3~4 g/L, 슬러지 일령: 한RP 슬러지 일령의 2~10배. 그러므로 슬러지 반송률은 2~4이다.

(2) 혐기성 생물막(anaerobic biofilm)법

• 혐기성 침적여상(anaerobic submerged filter)

호기성 침착여상(aerobic submerged filter) 의 경우처럼 액상에 미생물 매체를 완전히 침전시킨 것임

① 산소공급을 안함

② 조내에서의 반응액 흐름이 상향류

③ 미생물이 침적된 매체의 표면에 부착/매체 사이의 공극에 접촉 증식

④ 기질이 상향류하므로 조의 바닥부근에서 미생물의 대사활동이 가장 활발

⑤ 맨 위의 층에서는 기질농도가 부족하면서 미생물이 내호흡 상태로 존속하게 됨

⑥ 수리적 체류시간을 짧게 하면서도 매우 긴 슬러지 일령을 유지할 수 있음.

• 상향류혐기성(上向流嫌氣性)슬러지블랭킷프로세스(UASB, Upflow Anaerobic Sludge Blanket Process)

① 다른 생물막 공법과는 달리 미생물이 부착하는 매체가 없음.

② 기질이 상향류하는 반응조 내에서 미생물은 스스로 집괴하면서 1 mm 전후의 과립을 형성하고 층을 이루게 됨.

③ 기질은 슬러지 블랭킷을 통과하면서 미생물과 접촉하고, 그 대사 활동에 의해 제거됨.

3) 조류 연못 프로세스(algal pond process)

연못(蓮池)이란 넓고 깊게 파인 땅에 물이 괴어 있는 곳으로 뜰 안이나 집 가까이에 있는 작은 못을 뜻한다. 보통 연을 심은 못을 뜻하기도 한다. 폐수처리에서는 조류 연못(algal pond)과 수생식물 연못(aquatic plant pond)으로 응용 개발되어 왔고 전통적으로 안정화지 범주에 속하여 왔다. 왜냐하면 조류 연못의 수질오염물질 제거기능이 안정화지의 것과 유사하기 때문이다. 연못 프로세스는 도심지를 가로지르는 하천 등 수 환경오염이 심각한 곳에서 수질환경 복원(environmental remedition of water quality)과 근교(近郊) 지역 수 환경을 지키고 해당 수역 수질을 개선하기 위한 방법으로 적용되고 있는데 왜냐하면 다른 공정과는 다르게 주로, 하천 생태계에서의 여러 생물체들의 상호간 작용에 바탕을 두는 생태학 개념으로 연구가 정립되어 왔기 때문이다. 이런 개념이 단위 공정 배열모습으로 나타난다. 즉, 두 개 단위공정의 직렬연결에서 조류연못이 필히 앞에 위치하고 수생식물 연못이 그 다음에 위치하고 있다. 왜냐하면 고등식물(macro phyte)로서 갈대(reed)의 한 종류인 물옥잠(water hyacinth: 호테이아오이[ほていあおい]; *Eichhornia crassipes*) 등의 수생식물이 분비하는 생리 활성물질이 생물간 화학물질(allerochemicals)로서 조류 대사 방해화합물(antialgal bioactive compound)로 작용하기 때문이다.

① 조류 연못

조류 연못은 고율 안정화지 시스템 개념에서 비롯한다. 고율 안정화지 시스템은 조류 생체(algal biomass) 및 산소 생산을 극대화하여 수질오염물질을 제거하는 목적에서 운용된다. 미국, 캐나다 등과 유럽 여러 나라는 조류 생체 이용 방법들을 그동안 꾸준히 연구하여 왔는데 그 조류 생체 이용방법들이 대개 다음과 같다.

- 동물 사료 등 단세포 단백질 영양성분으로의 이용
- 초코렛 표면 착색 등의 식용 색소와 수질오염물질 흡착제와 같은 화학제품으로의 이용
- 메탄 가스의 에너지 생산으로의 이용

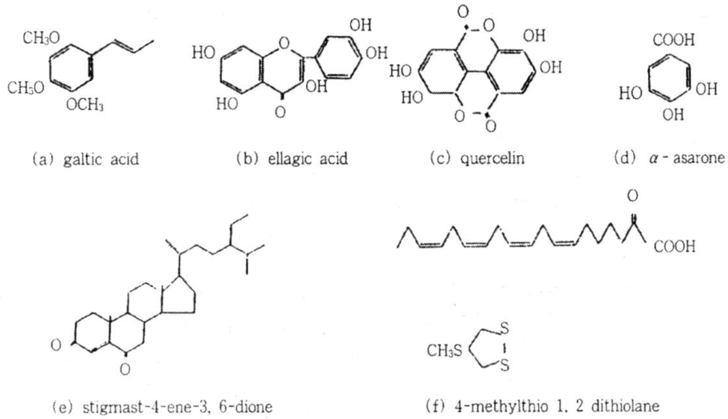

[그림] 물(부레)옥잠 뿌리 배양액으로부터 추출한 조류 대사 방해물

조류 연못의 수질오염물 제거 기작이 자연계 조류와 세균의 공생작용 이외에 위 두 번째 항의 내용과 같은 '생산된 조류 생체의 수질오염물 흡착 효과'에 있다. 이 흡착은 살아있는 조류 생체(living algal biomass) 그리고 분말(powder)이나 과립(granule) 형태의 죽은 조류 생체(dead algal biomass)가 이용된다. 그리고 살아있는 조류 생체를 이용한 수질오염물 제거를 생축적(bioaccumulation)이라 하고 죽은 조류 생체 흡착제를 이용한 수질오염물 제거를 생흡착(biosorption)이라 한다. 그러므로 재래식 안정화지의 제거 개념과는 조금 다르다. 그동안 조류 연못이 이른 바 HRP(고율 연못, high rate pond)로 불리는 소 단위 처리 시설의 생축적 시설로 개발되어 운전되어 오기도 했는데 체류시간 보통 7~9일에서 70~100%의 T-N 제거 효율과 50% 이상의 T-P 제거효율이 나타나는 것으로 알려져 있다.

이스라엘 같은 경우 남부 사막지대에 부존되어 있는 소금기 물(brackish water)을 스필루리나(*Spirullina*) 등의 조류 종을 이용하여 흡착 처리하고 있으며 실제로 이러한 처리 결과로 자국의 용수에 필요한 수자원 70% 이상을 얻고 있는 것으로 보고되고 있다.

② 수생식물 연못

수생식물 연못은 습지에서 비롯한다. 유속이 느린 하구나 하천 변 습지에 서식하고 있는 수생식물이 수중 유, 무기 영양염류를 흡수하여 습지 유출수의 수질을 향상시키는 것으로 알려지면서 일본에서 이른바 바이오 파크(bio park) 조성 개념으로 된 인공 수생식물 연못들이 수질개선 목적으로 운용되고 있다. 습지와 수생식물 연못 운용이 새로운 것은 아니다. 이미 오래 전부터 하·폐수처리 분야의 고도처리 개념으로 운용되어 왔을 뿐만 아니라 이 기술은 이미 지난 1960년대에 전 세계인에게 관심 대상이 된 적이 있기도 하다.

[그림] 조류 생체 생산 프랜트

이러한 수생식물의 수중 유·무기 영양염류 흡수기작이 다음과 같다.

㉮ 질소(N_2)와 인(P) 등을 함유하는 현탁 고형물(SS)이 수중 줄기나 뿌리와 접촉하고 가라앉는다.

㉯ 질소 성분의 현탁 고형물이 가수분해에 의하여 아미노산과 유기성 질소로 전환되고 암모니아 가스로 전환되어 수표면 위 공기 중으로 방출되기도 한다.

㉰ 수표면 위 잎을 통하여 뿌리로 확산된 산소에 의해 뿌리 부분에 호기성 영역과 혐기성 영역으로 구분되는데 호기성 영역에서는 질산화 세균들에 의하여 식물이 흡수할 수 있는 NH_4^+, NO_3^-의 무기 형태 질소로 전환되어 식물 뿌리로 흡수되고 혐기성 영역에서는 탈질산화 세균에 의하여 질소 가스로 전환되어 수표면 위 공기 중으로 방출된다.

㉱ 인을 함유하고 있는 현탁 고형물은 가수분해와 뿌리 부착 미생물의 효소촉매 작용으로 정인산염 형태로 전환되고 뿌리에 흡수된다.

[그림] 수질정화에 응용되고 있는 수생식물 연못

한국에서 수질정화에 응용되고 있는 수생식물들이 갈대, 부들, 줄과 같은 정수식물(emergent plant)과 마름, 수련 등의 부엽식물(floating plant), 나자스말, 검정말 등의 침수식물(submerged plant)로서 주로, 수질정화에만 목적을 두고 이용되고 있지만 일본에서는 수질정화 효과는 물론이고 엽채(leaf vegetable), 향초(fragrance plant), 화초(flowering plant), 근채(root vegetable), 약초(herb plant) 재배 개념으로 여러 가지 수생식물들을 이용하고 있다.

4. 고도처리

하 · 폐수 내에 여러 가지 난분해성 폐기물 성분의 함유와 하수가 다량으로 공공수역에 방류되는 경우 수역의 수질을 양호하게 유지하기 위한 조치 그리고 처리된 하수의 재사용 등을 위하여 고도처리의 필요성이 대두된다.

현재 널리 사용되는 고도처리 방법이 보통 다음과 같다.

① **자외선 방사법**(UV irradiation method)

자외선이 화학선으로서 강력한 산화작용을 한다는 점에서 오래 전부터 선박의 식수 소독에 이용되어 온 방법인바 지속적으로 소독할 수 있도록 잔류물질이 없다는 단점을 극복하여 현재에는 자외선을 지속적으로 방사할 수 있는 램프가 개발되어 하수처리장 방류수 소독에 널리 사용하고 있다.

② **생물활성탄 여과**(BAC, biologically activated carbon filteration)

입상활성탄(GAC, granular activated carbon)에 형성된 거대 기공 및 미세 기공에 작용하는 생물학적 과정을 말한다. 인위적으로 활성탄의 재응집에 의해 만들어진 기공은 박테리아 등과 같은 미생물이 서식하기에 아주 좋은 환경을 지니고 있고 또한 작은 활성탄 입자 내에는 박테리아가 서식하기에 충분한 크기의 열린 기공이 무수히 많으므로 이전의 처리공정에서 살아남은 작은 양의 박테리아도 입상활성탄 여과지에 유입하면 쉽게 증식할 수 있고 활성탄 구조는 탄소끼리의 이중결합에 의하여 형성된 망상구조로 되어있어서 극성이 작고 표면이 거칠어 무극성인 유기물질을 쉽게 잘 흡착한다. 현재 정수 고도처리에 많이 이용한다.

③ **오존처리**(ozone treatment)

오존이 강력한 산화제로 사용할 수 있다는 점에서 현재는 정수처리의 소독공정에 널리 이용하고 있다.

오존은 수용액상에서 매우 불안정하고 염소처럼 저장할 수 없으므로 반드시 현장에서 제조하여야 한다. 제조는 실리카겔, 활성 알루미나 등의 건조제 속을 통과시키거나 −40℃~−60℃의 이슬점에서 건조시킨 공기를 갖고 반대 전극을 띈 대전 판이나 관 벽에 반대전하를 띈 코일이 감긴 관속으로 공기를 통과시켜 제조한다. 저렴한 유지비와 긴 수명이 큰 장점인데 정수장에서 잘못된 염소소독으로 발생할 수 있는 발암성 물질 트리할로메탄(trihalomethane)의 생성을 방지하기 위하여 배(配) 오존(ozone distribution) 개념으로 정수장 방류수를 활성탄 흡착공정과 연결하여 실시한다.

보통 활성탄 흡착공정 시설계획에는 입상 활성탄 공정 설계인자 검토 및 역세척 설비 및 수량 검토 등이 검토되고 오존처리공정 시설계획에는 오존주입방법, 오존주입률 및 접촉시간 등이 검토된다.

④ **역삼투법**(reverse osmosis method)

원래, 반투막(semi-permeable membrane)과 삼투압(osmotic pressure)을 이용하여 해수에 용해되어 있는 용질을 제거하여 순도가 높은 담수를 얻는 프로세스인데 요즈음은 난지도 쓰레기 매립지에서 침출수의 고도처리에 응용되고 있다.

현재 상용화된 것으로 해수담수화 설비에 가장 많이 적용되는 담수화 기술인데 동일한 양의 저농도 용액과 고농도 용액을 반투막을 사이에 두면 시간이 지남에 따라 고농도 용액의 양이 점점 증가하는 현상이 발생하고, 일정 시간이 지나면 더 이상 고농도 용액의 양이 증가하지 않고 평형상태에 이르게 된다. 이를 삼투현상(osmosis)이라고 하며, 평형상태에서의 고농도 용액과 저농도 용액의 수두 차를 삼투압(osmotic pressure)이라고 한다. 평형상태에서 고농도 용액 측에 삼투압 이상의 압력을 가하게 되면 고농도의 용액의 용매인 물은 막을 통과하여 저농도 용액 쪽으로 이동하고, 용질은 막을 통과하지 못하게 되는데, 이를 역삼투현상(reverse osmosis)라고 한다. 이와 같이 반투막(semi-permeable membrane)을 이용하여 가압된 염수에서 용매인 물을 용질과 분리하는 프로세스를 역삼투법이라고 한다.

⑤ **전기투석**(electric dialysis)

전기를 이용하여 작은 크기(결정질)의 용해된 이온이나 분자로부터 부유 콜로이드 입자를 분리하는 방법이다. 전해질을 함유한 콜로이드 용액에 격막(膈膜)을 설치하고 이 격막을 통하여 직류전기를 흘리는 방법이다. 양이온만을 선택적으로 투과시키는 양이온 교환 막과 음이온만을 선택적으로 투과시키는 음이온 교환을 교대로 나란히 배열한 뒤 양 끝에 전극을 놓고 전기를 흐르게 하면 용액속의 양이온은 선택성 막을 통과하여 음극을 향하여가지만 음이온 선택성 막에 의해 차단된다. 음이온은 반대로 작용하여 하나의 공간에서 제거된 이온은 옆의 다른 공간에서 농축되어 결과적으로 염류의 농축액과 희석액이 걸러 샌드위치 모양의 셀. 즉, 막과 막 사이의 공간에 형성된다.

전기전도도가 용액이 전류를 운반할 수 있는 정도를 말하므로 용액 중의 이온세기를 신속하게 평가할 수 있는 항목으로서 직류회로에서의 저항(resistance), 교류회로에서의 임피던스(impedance)의 저항을 나타내는 단위인 ohm(Ω)을 거꾸로 한 mho(Ω^{-1})를 기호로 삼아 이 mho를 처리효율과 상대적으로 사용한다. 현재는 국제적으로 S(siemens) 단위가 통용되고 있다.

⑥ **막분리법**(membrane separation method)

물 속의 콜로이드 · 유기물 · 이온 같은 용존물질을 반투과성 분리막을 이용하여 여과함으로써 분리 제거하는 방법이다. 1960년경부터 미국에서 공업용수의 탈염을 위한 역삼투법을 중심으로 개발 · 발전되어 왔는데, 현재 활용되는 기술에는 정밀여과(microfiltration: MF), 한외(限外)여과(ultrafiltration: UF), 나노여과(nanofiltration: NF), 역삼투여과(reverse osmosis: RO), 기체분리(gas separation: GS) 및 전기투석(electro dialysis: ED) 등이 있다. 일본과 유럽에서도 RO를 시작으로 UF, MF 등의 기술이 공업용수 제조와 공업제품 생산 분야에 널리 이용되고 있다. 일본의 경우 분뇨처리와 처리수 재이용, 정수처리기술 분야에서 실용화되고 있다. 유럽과 미국에서는 점차 강화되고 있는 규제기준과 상수원의 오염으로 인하여 수처리 공정에 UF, MF, NF 등의 적용 가능성에 대하여 많은 연구가 진행되고 있다. 국내에서는 현재 수돗물에 관련된 분야에서 중공사(中空絲: 속이 비어 있는 합성 섬유. 가볍고 보온성이 높다.)형의 UF와 MF, RO 그리고 활성탄을 조합한 가정용 정수기가 사용되고 있을 뿐인데, 대량처리 시설인 정수장에서의 실용화 등 다양한 분야에 활용하기 위한 연구가 진행되고 있다.

삼투막 또는 반투막으로 불리는 분리막은 표면에 아주 미세한 구멍이 촘촘히 나 있으며, 특정 성분을 선택적으로 통과시키는 성질을 가지고 있는 액체 혹은 고체의 막이다. 주로 사용되는 막은 셀룰로오스 아세테이트로 만드는데, 물의 투과도가 낮아서 염을 99%까지 거를 수 있다.

기존의 분리 및 농축공정은 상태의 변화를 유도하여 물질을 분리하기 때문에 에너지 소모량이 많고, 상태를 변화시키는 데 높은 온도가 필요하므로 분리하는 물질의 특성이 변화는 경우가 많았다. 이에 비하여 상태의 변화없이 물질을 선별적으로 분리시키므로 공정이 단순하고 에너지

효율이 우수하다는 것이 이 기술의 특징이다.

응용분야로 식품산업에서 원료의 분리 · 농축, 보일러 및 반도체 세척공정에 이용되는 초순수(超純水)의 제조, 폐수 중의 유효물질회수 및 재활용 기술 등이 있다. 막분리법 적용 대상 폐수 발생원은 염색 · 염료폐수, 중수도, 하수, 발전소폐수, 금속의 도금 및 표면처리 폐수, 제철소폐수, 석유화학폐수, 매립지 침출수 등 다양하다. 이 공정을 통하여 얻어진 처리수는 원수로 사용되거나 수질에 따라 직접 제조 공정에 사용될 수 있다. 또 농축된 폐수의 용량을 전체 발생 폐수량의 10% 미만으로 줄일 수 있어 무방류 폐수처리 시스템을 개발하는데 핵심기술이 되고 있다. 특히 폐수를 처리하는 경우 처리과정에서 약품을 적게 사용해도 되므로 슬러지 발생량을 최소화할 수 있다.

⑦ 기타

6.10 신기술 소개

분류	내용
신청구분	기술검증
진행현황	접수 진행중 → 접수 완료 → 공고 진행중 → 공고완료 → 신청서검토 → 평가등록비 안내 → 평가등록비납부완료 → 현장조사 준비중 → 현장조사 완료 → 서류심사 준비중 → 서류심사 완료 → 현장평가 진행중 → 현장평가 완료 → 종합평가 준비중 → 종합평가 완료 → 인 · 검증서 발급완료
신청자	한국원자력연구원
사업자번호	314-82-00813
대표자	양명승
담당자명	이면주
담당자부서	방사선공업환경연구부
담당자직위	책임연구원
E-Mail	milee@kaeri.re.kr
전화번호	063-570-3340
FAX번호	063-570-3347
시설소재지	전라북도 정읍시 하수종말처리장
기술분야	대장균군
기술명	전자빔을 이용한 하 · 폐수 위생화 기술
기술내용	2011.1.1부터 공공 하 · 폐수처리시설 및 폐수 배출시설을 대상으로 '생태독성 배출허용기

	준'이 적용됨에 따라, 기존 하·폐수처리장에서 처리된 방류수에 대하여 전자빔 가속기에서 발생되는 전자빔을 조사함으로써 방류수의 항생물질 및 내분비계 장애물질 등의 난분해성 독성유기물질을 분해하여 생태독성을 저감시키고, 대장균을 비롯한 일반세균을 동시에 살균함.
신기술범위	◦전자빔을 이용하여 항생물질 및 재분비계 장애물질을 제거하는 기술 ◦전자빔을 이용하여 하·폐수 방류수의 생태독성을 저감하는 기술 ◦전자빔을 이용하여 대장균과 일반세균의 살균 및 재증식을 억제하는 기술

분류	내용
신청구분	신기술인증
진행현황	접수 진행중 → 접수 완료 → 공고 진행중 → 공고완료 → 신청서검토 → 평가등록비 안내 → 평가등록비납부완료 → 현장조사 준비중 → 현장조사 완료 → 서류심사 준비중 → 서류심사 완료 → 인증서 발급완료
신청자	한국테크니칼서비스(주)
사업자번호	219-81-00127
대표자	박경진
담당자명	
담당자부서	
담당자직위	
E-Mail	
전화번호	
FAX번호	
시설소재지	경기도 용인시 처인구 모현명 일산리 41-13 모현레스피아
기술분야	하수처리
기술명	관형흐름/유동상 생물막을 이용한 하수고도처리 기술
기술내용	생활하수의 고도처리기술로써 관형흐름 생물막 탈질조와 소형(3＊3＊3 mm) 유동상 담체 생물막 질산조로 이루어진 생물학적 고도처리 시스템으로 하수 내 유기물과 질소를 제거하고, 응집 및 응결 후 2차 침전지에서 잔류 인을 제거하며 2차 침전조에서 전탈질조로의 슬러지 반송시스템을 제거한 하수고도처리 기술
신기술범위	◦경사형 탈질 생물막 공정과 유동상 질산화 생물막 공정 조합의 고농도 부착미생물을 이용하여 침전조에서 슬러지 반송없이 유기물 및 질소를 안정적으로 제거할 수 있는 기술 ◦호기 조건의 질산화조에 소형(3 mm×3 mm×3 mm) 유동상 생물막 담체를 이용하여 고농도 질산화 미생물을 활성화시켜 질산화율을 향상시키는 기술 ◦생물막 공정에서 미처리된 총인(T-P)을 PAC 응집제로 응집·응결한 후 침전지 내에서 침전시켜 T-P와 SS가 동시 제거된 최종처리수를 얻는 기술

CHAPTER 7
상하수도

❑ 상수도란?

– 중앙급수에 의해 일정한 인구집단에게 위생적으로 안전한 물을 공급하기 위한 설비

▸ 수도법

: 지방공공단체 및 자치단체가 위생적으로 안전한 물을 공급하여야 한다.

▸ 밀스 라인케(Mills–Reincke) 현상

: 미국 필라델피아에서 장티푸스(Typhoid fever) 환자발생이 사여과 하였을 경우 1만 명에서 1,500명으로 감소, 염소소독을 하였을 경우 1만 명에서 200명으로 감소하였다는 현상

▸ 먹는 물의 일반적 수질원칙: 무색, 무미, 무취, 위생적 안전성

▸ 水源(Source of Water): 지표수, 지하수, 복류수(spring water)

▸ 水質(Water Quality): 세계 인구의 70%가 비위생적인 물을 사용

▸ 물의 검사

– 검사 종류

❶ 이학적 검사: 온도, 냄새, 맛, 색도, 탁도 등

❷ 화학적 검사: pH, NH_3–N, NO_2–N, NO_3–N, 알칼리도 등

❸ 세균학적 검사: 일반세균, 대장균 등의 검사

▸ 물의 정수방법

: 침사 → 폭기 → 응집 → 침전 → 여과 → 소독

▸ 물의 소독방법

– 염소소독: 파과점 염소소독(break point chlorination) – UV소독

- THM 생성 방지 대체기술: 이산화염소처리 등
▸ 우리나라 상수도 설치
(1) 1905년 일본인 선박급수 목적 부산 범어사에 수원지를 두고 급수시설 설치
(2) 1908년 미국인이 한강 뚝섬 수원지 설치

❑ 하수도란?

- 생활하수 및 산업폐수를 배제(drainage)하는 시설 및 하수처리 시설
- 2000년대 현재 전국의 하수도 보급률: 60~70% 정도(서울; 99%, 광역시: 90~95%, 농촌: 10~30%)
- 우리나라 하수도 문제점
  - 합류식(하수 + 우수)로 하수종말처리장 규모가 커지는 등 문제발생
  - 분류식(하수 혹은 우수)으로 점차 개선 중(환경부 하수관거 정비 BTL 사업)
- 하수관거에서의 침전물 생성방지 최소 유속: 0.6 m/sec.
  ▸ 관정부식(Crown Corrosion)
  ▸ 교차연결(Cross Connection)

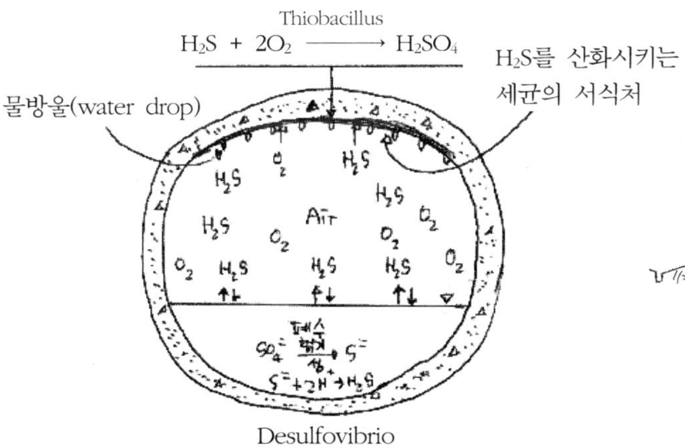

[그림] 관정부식

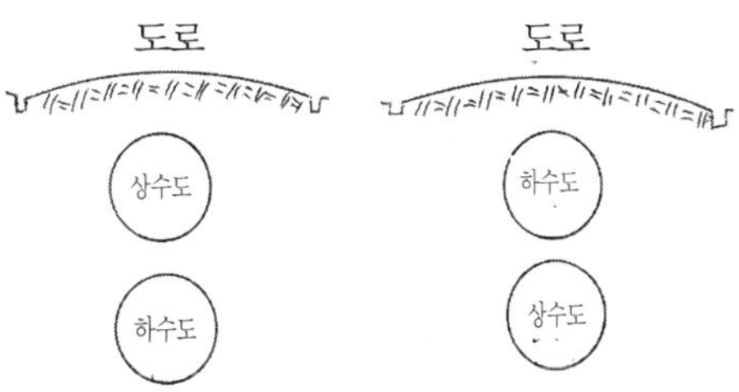

[그림] 교차연결

- 하수처리의 의의
  - 병원성 미생물의 위생적 처리
  - 상수 · 토양오염 방지

- 위생곤충의 서식지 제거
- 악취, 도시미관의 피해방지

• 하수처리 방법

: 예비처리(스크리닝, 침사, 침전) → 본처리 → 오니처리

❶ 물리적 처리

❷ 화학적 처리

❸ 생물학적 처리

❹ 고도처리

• 하수시험

- COD, BOD, DO, pH, 온도 등
- 방류유역 수질 배출기준

7.1 상수도와 하수도 계통

1. 상수도 계통

(1) 집수 또는 취수 시설(collection or intake work)

적당한 수질의 물을 현재나 장래의 수요량에 대비하여 충분한 양만큼 집수를 하고 취수하는 시설. 수량이 갈수기 동안 부족한 경우 저수지(reservoir)를 설치

(2) 도수 또는 송수시설(transmission works)(aquaduct or pipe line)

① 도수(導水)

취수한 물을 정수장 까지 운반하는 것.

② 송수(送水)

정수장에서 배수지(配水池)까지 물을 보내는 것

(3) 정수시설(water purification works)

수질을 정화하는 시설. 침전(sedimentation) + 여과(filteration) + 소독(infection) + 고도처리(advanced treatment)

(4) 배수 및 급수시설(distribution & feed works)

정수처리한 물을 적정 압력하에 소요수량만큼 수용가에 공급하는 것.

① pump 압송식과 중력식

② 배수시설: 배수지(distributing reservoir), 배수관(distributing pipe) 등
급수시설: 급수관(feeding pipe), 소화전(fire hydrant), 계량기(flow meter) 등

2. 하수도 계통

① 집, 배수시설

② 처리시설(treatment works)

③ 방류 또는 처분시설(effluent or disposal works)

1) 하수관거와 배제시설(sewer & drainage system)

(1) 하수관거의 종류: 오수관(汚水管, sanitary line), 우수관(雨水管, storm sewer)

(2) 배제방식

① 합류식(combined system): 오수(polluted water)와 우수(storm water)를 동일 관거로 배제하는 방식

② 분류식(seperated system): 오수관과 우수관을 분리하여 배제하는 방식

(3) 합류식과 분류식의 장 · 단점(merit & defect)

[표] 합류식과 분류식의 장 · 단점

구분	장점	단점
합류식	1. 분류식에 비해 부설비가 저비용 2. 관거내부 검사가 용이하고 환기가 잘 됨	1. 처리장의 부하를 가중시킴 2. 청명시 관거단면에 비해 유량이 적어 퇴적물 발생
분류식	1. 처리장의 부하를 경감시킴 2. 저지대에서 하수를 양수기로 배제시킬 경우나 관내 퇴적물을 flushing할 경우 유리	1. 부설비가 고비용

3) 하수도 계통

(1) 집, 배수시설+처리시설+방류 또는 처분시설

(2) 자연유하식과 pump 압송식

7.2 상하수도 기본계획

1. 용어

① 상수(water)

도시에서 주로 가정용수나 소방용수 및 공공용수로 사용되는 물

② 상수도 혹은 상수도 시설(waterworks or water supply establishment)

상수를 공급하기 위하여 만들어진 시설물. 보통 사용하는 상수도는 water supply line

③ 상수도 공사(water supply works)

상수도의 수원을 개발하고, 집수된 물을 처리 정화하고, 그 정화된 물을 수용자의 거주지까지 운송하는 일련의 작업

④ 하수(sewage)

도시에서 용수로 사용된 물이 용도가 끝나 폐기된 물

⑤ 하수관거(sewer)

하수를 배제(排除, drainage) 하는 시설

⑥ 하수도 혹은 하수도 시설(sewerage system or establishment)

하수관거와 하수배제를 pump장 및 하수처리장(sewage treatment plant). 보통 사용되는 하수도는 sewerage

2. 기본계획

1) 기본계획의 목표(goal)

장래에 있어 그 도시에서의 상하수도가 충분히 그 기능을 발휘하고 정상적 발전을 이루게 하기 위함.

(1) 기본방향(basic course)

① 위생적으로 안전한 물을 계획목표년도까지 필요한 지역에 항상 안정되게 공급할 수 있을 것.

② 합리성과 안정성을 갖추고 유지관리가 용이한 시설

③ 물의 효과적 이용

④ 종합적 계획에 부합된 상수도의 정비

(2) 기본계획 수립의 요령(point of basic plan establishment)

① 과거, 현재, 미래의 해당 도시 발전상황을 나타내는 가료의 수집과 분석

② 도시의 지형, 지질, 가로형태, 수자원 분포상황, 배수계통 등 지리적 특성의 조사와 분석

③ 상하수도의 기본계획 수립

3. 기본계획 수립을 위한 기초조사

(1) 급수량 현황조사

(2) 급수량 추정에 필요한 기초자료(관련계획) 조사

(3) 배출처로부터의 배수량 및 수질자료 분석

(4) 상수도 수원의 수역조사

① 수량과 수질의 현황

② 물 이용의 현황과 장래 계획

③ 수위 및 유로변동 상황

(5) 하수 방류 수역 조사

① 수량과 수질의 현황

② 물 이용의 현황과 장래 계획

③ 수위 및 유로변동 상황

(6) 시설의 위치 및 구조결정에 필요한 자연조건

① 지형 및 지질에 관한 사항

② 과거에 발생한 지진, 풍수해 등의 기록 조사

③ 강우, 풍향 등 기상조건

(7) 환경조사

① 도로의 정비상태

② 노면교통 실태

③ 지하매설물 현황

④ 택지개발 상황

⑤ 가옥형태

⑥ 토지소유 구분

⑦ 주민의식

(8) 관련계획 조사

① 각종 장기계획

② 도시계획 구역

③ 토지이용 계획

④ 가로 및 도로계획

⑤ 구역정비

⑥ 시가지 개발계획(주택단지 및 상업지구, 공업단지 등)

⑦ 하천계획(계획 종횡단면, 계획저수량 및 저수위, 계획고수량 및 고수위, 유향개선회 등)

⑧ 지하매설물 계획

4. 설계기간(design duration)

설계하는 연도로부터 설계조건이 충족되는 연도까지의 연수

1) 기초사항

① 장비, 축조물 등의 내용년한(耐用年限)

② 시설을 확장하게 될 때의 난이도와 그 위치

③ 그 두시의 인구증가와 물 사용량

④ 기채(起債)에 대한 이자의 증가율

⑤ 최소부하를 받는 초기에 있어서의 공사완료시기

2) 상하수도시설의 설계기간

[표] 상하수도시설의 설계기간

구분	시설	특성	설계기간(년)
상수도	큰 댐, 큰 암거 배수시스템, 여과지 정호(井戶, well point)	확장이 어렵고 고가(高價)	25~50
		확장이 쉬움	25~50
		도시성장률 및 금리가 낮을 때	20~25
		도시성장률 및 금리가 높을 때	10~15
	직경, 30 cm 이상인 관		20~25
	직경, 30 cm 이하인 관(부간선)		완전이용에 이르는 연수
하수도	직경 37 cm 이하인 관(부간선)		완전이용에 이르는 연수
	본선, 토구(吐口), 차집거(遮集居) 시설에 사용되는 관	확장이 어렵고 고가(高價)	40~50
	처리장 시설에 사용되는 관	도시성장률과 금리가 낮을 때	20~25
		도시성장률과 금리가 높을 때	10~15

주) 대체로 표의 내용을 기준으로 한다.

5. 계획구역(plan area)

① 인구증가, 토지이용, 경제동향 등 도시전반의 발전을 고려하여 결정

② 행정상의 경계에 구애됨이 없이 계획목표연도까지 시가지화가 예상되는 구역을 포함하여 광역적, 종합적으로 결정

③ 도시의 지형, 배수로 상태, 시가지 형성정도에 따라 전체 계획구역을 하나 이상의 소계획 구역으로 구분

6. 상수도계통(water supply system)

① 수원(水原, source of water supply)

항상 확보되는 취수량, 양호한 수질, 오탁의 우려가 없는 곳

② 수원 수질에 따른 정수방법 결정: 적절하게 가감될 수 있다.

③ 취수위치 및 시설결정

지표수: 취수탑(intake tower) → 취수문(intake gate) → 취수관(intake pipe)

지하수: 집수매거(集水埋渠. collection well), 천정호(淺井戶, shallow well), 심정호(深井戶, deep well)

④ 일반적 계통원칙에 따른 계통 결정

⑤ 취수장(intake plant), 정수장(purification plant), 배수지 등의 위치 결정

⑥ 이들 시설간의 최적 도수 및 송수 방식 결정

지세를 잘 이용하여 최소의 저항으로 도수 및 송수할 것.

⑦ 이들 시설간의 도수로(aquaduct) 및 송수로(conduit line) 결정

- 가급적 단거리 유지
- 수평, 수직의 급격한 굴곡을 피할 것
- 이상 수압을 받지 않도록 할 것
- 관 매설위치: 공사비를 최소로 할 수 있는 곳으로 택할 것

⑧ 배수(排水)방식 결정

- 자연유하식: 개수로(open channel)
- pump 가압식
- 자연유하와 pump 가압식의 병용

7. 하수도계통(sewerage system)

1) 하수도 시설의 배치, 구조 및 기능 결정

시공난이정도, 건설비, 유지관리, 최종처리 후의 방류지역 환경 등을 충분히 고려

2) 다음 사항들을 고려하여 이해득실을 비교연구하고 기술적으로 계통선정

① 배수구역내의 지형

② 인구분포(population dispersion)

③ 기존 배수로 상태

④ 우수(storm water) 등의 기타 유수가 혼입되는 정도

3) 배수(排水, water drainage)계통을 합류식으로 할 것이냐 분류식으로 할 것이냐 결정

4) 간선하수관과 지선하수관(branch sewer)의 배수형식 고려

▸ 간선하수관(幹線下水管, main sewer)

① 가급적 자연수로에 연하여 선정할 것
하류에서, 단면이 커지고 매설심도 커져서 토공비가 많아지고 공사도 어려워질 수 있음.

② 하수처리장의 위치로 인하여 특정한 위치로 도류(導流)될 경우는 특수공법과 수리적 연구를 활용하여 무리가 없도록 할 것.

▸ 지선하수관(支線下水管, branch sewer)

① 각 가로(street)에 반드시 설치하여 택지의 배수 및 노면의 배수를 함께 할 것.

② 가급적 굴곡을 피할 것.

③ 신속히 간선에 유입토록 할 것.

④ 분수령(分水嶺, watershed: 하수 흐름이 나뉘어지는 곳)을 고려할 것.

⑤ 교통이 빈번한 가로나 지하매설물이 많은 곳에는 관경이 큰 관의 설치를 피할 것.

⑥ 폭이 넓은 가로에서는 유지관리상 지선을 2개조로 하여 양측 보도(sidewalk)밑에 매설.

⑦ 지형의 경사가 급한 곳에서는 관을 계단식으로 설치하며, 특히 큰 관은 급구배를 피하도록 할 것.

5) 하수의 배제방식 결정

① 직각식(rectangular type)과 차집식(intercepting type)

❶ 시가지내로 큰 하천이 흐르는 경우 간선을 직각으로 연결

❷ 하천 유량이 크지 못하고 배출하수량이 클 경우 하천오염을 방지하기 위하여 하수를 차집하여 하수처리장으로 이송하는 형식

② 선(扇)형식(bow type: 나뭇가지 형식)

❶ 지형이 한 방향으로 쏠려 있는 등의 경우 하수를 집수하여 또 다른 곳으로 보내기 위하여 나뭇가지 형태로 배관하는 형식

③ 방사식(radial type)

❶ 지역이 광대해서 하수를 한 곳으로 모으기 어려울 경우 배수구역을 여러 개로 나누어 중앙부터 방사형으로 배관하는 형식

❷ 종종, 각 분할 구역별로 배수와 하수처리를 하는 경우가 있음

④ 고저단식(high-low floor type)

❶ 높이가 현저히 다른 일련의 언덕 혹은 층계위에 한 도시가 위치하고 있는 경우

❷ 각 층계를 각기 다른 하수계통으로 하는 방식

⑤ 펌프 양수식(pumping type)

❶ 한 지역이 하수가 방류될 수면과의 고저차가 충분하지 못하는 경우

❷ 주변 지대보다 낮을 때 그 지역의 가장 낮은 곳으로 하수가 방류되도록 배관한 후

❸ 어떤 간선하수거나 하천토구 혹은 처리장 등으로 펌프압송하는 방식

6) 배수관망(drainage network) 결정

① 각호하수관(house sewer: 건물로부터 나오는 하수를 받는 관)과 연락하수관(lateral sewer, 가옥으로부터 나오는 하수 또는 가로면을 흐르는 하수를 받는 관)을 연결하여 지선하수거의 위치 및 사양(specification) 결정

② 부간선하수관(: 지선하수거가 두 개 이상의 연락하수관으로부터 나오는 하수를 받는 관)의 위치 및 사양결정

③ 간선하수관(: 두 개 이상의 부간선 하수거로부터 흘러나오는 물을 받는 관) 위치 및 사양결정

④ 차집하수관(: 몇 개의 간선하수거로부터 흘러나오는 물을 차집하는 관) 위치와 사양결정

⑤ 종말하수관(: 최종적으로 하수를 하수처리장으로 이송하는 관)의 위치와 사양결정

7) 중계펌프장(relay pumping station) 위치와 사양결정

▸ 중계펌프장

관로가 길 경우 하수관의 매설심이 깊어지기 때문에 설치하는 펌프장

8) 하수 토구(吐口, outfall section of sewer) 위치와 사양결정

① 물이 자연스럽게 모이는 곳에 선정

② 관계수면의 성질로써 유속, 수위, 조수간만 상황, 방류수역의 이수현황 및 하수의 수집 등이 위치선정에 불합리하여서는 안 된다.

③ 하수가 신속히 유하될 수 있도록 바닷물의 흐름방향을 고려하여 결정할 것

9) 배수펌프장 위치와 사양결정

- 배수펌프장
  유입구역내의 오수를 다음의 펌프장 또는 하수처리장으로 송수하고 우수는 부근의 하천에 방류하는 펌프장

10) 하수처리장(sewage treatment plant) 위치 결정

① 하수의 유하에 지장을 주지 않는 곳
② 가급적 시가지 중아에서 떨어진 녹지대에 설치
③ 처리수 방류와 슬럿지 처분이 용이한 곳
④ 양호한 환경조건을 유지할 수 있는 입지조건이 갖추어져 있는 곳
⑤ 처리장시설을 축조하기에 알맞은 지질과 지형의 곳
⑥ 장래의 확충계획에 부합하는 여유지를 확보하는 곳

11) 하수처리장 용량 결정

해당 도시의 계획년도의 인구 × 1인 1일 BOD = 해당 도시의 1일 처리 용량

7.3 정수와 하수처리

1. 수돗물 구비조건

양질의 물을 적정한 수압으로 충분하고 안정하게 수용가에게 공급할 수 있어야 한다.

❑ 수질

① 병원성 세균(pathogen)을 함유하지 않아 위생적으로 안전(sanitary safe)해야 함.
  - 무색투명, 무미무취하여야 함.
  - 반드시, 염소소독하여 세균오염에 대비하여야 함.

② 유독물질(농약이나 공장배수 등)을 함유하지 아니하여야 함.

③ 유해물질(유독하지는 않으나 착색, 더러움, 악취,거품, 스케일 등을 유발하는 물질)을 함유하지 아니하여야 함.

2. 상수도 수원과 정수방식

❑ 수원(SOURCE)

① 수량과 수질의 양면에서 고려

② 경제적인 면을 고려(: 수원의 개발, 송배수, 정수 등에 소요되는 투자비와 관리운영비 등) 소요수량이 적을 때는 수질이 양호하고 처리, 관리 모두 양호한 지하수를 수원으로 하고 그렇지 못한 경우에는 수질이 양호한 복류수나 지표수를 수원으로 한다.

❑ 정수방식(purification type)

침전 + 사여과 + 염소소독이 일반적이고 수질오염이 너무 심할 경우에는 정수기술상 그리고 경제상 매우 불리하므로 적절한 수질을 선정해야 함.

❑ 지하수(ground water)

① 특성

- 대지의 압력을 받아 일반적으로 수질이 양호

② 정수방식

- 염소처리만으로 수용가에 직송
- 때때로 경도, 철, 망간, 철박테리아, 용존가스 등을 함유하고 있어 연수화, 폭기, 여과 및 고도처리가 적용됨.
- 원수에 유기물(BOD), 휘발성 유기화합물 함유되어 있는 경우는 염소처리시 트리할로메탄(THM. 발암물질)이 발생할 수 있으므로 전, 후 차아염소산처리 혹은 오존처리 등의 고도처리가 필수적
- 얕은 지하수에서는 오염을 받는 경우가 많으므로 여과처리가 필수적

[표] 각국의 음용수 수질기준

국명	한국	WHO	WHO(유럽)	미국
암모니아성 질소 아질산성 질소	0.5 mg//이하 –	0.5 mg/l –	0.5 mg/l –	– –
질산성 질소	10 mg/l이하	40(80) mg/l	5.0 mg/l	45 mg/l
염소	150 mg/l이하	200(400) mg/l	350 mg/l	240mg/l
유기물등 ($KMnO_4$ 소비량)	10 mg/l이하	10 mg/l	–	–
일반세균수	1 cc 중 100 mg/l이하	–	–	–
대장균군	50 cc 중 검출불가	연간을 통하여 mpn 10/100 mg/l이하	100 cc sample 100본중 15본 이하	월간의 양성관 수 10% 이하
시안(화합물)	검출불가	0.01 mg/l	0.01 mg/l	0.01 mg/l
수은 Hg	검출불가	–	–	–
유기물	검출불가	–	–	–
동 Cu	1.0 mg/l이하	1.0 mg/l	0.05 mg/l	1.0 mg/l
철 Fe	0.3 mg/l이하	0.3(1.0) mg/l이하	0.1 mg/l이하	0.3 mg/l이하
불소 F	1 mg/l이하	1.0(1.5) mg/l	1.5 mg/l	0.7~1.2 (1.4~2.4) mg/l
연 Pb	0.1 mg/l이하	0.1 mg/l	0.1 mg/l	(0.05) mg/l
아연 Zn	1.0 mg/l이하	5.0(15.0) mg/l	5.0 mg/l	5.0 mg/l
크롬(육가)	0.05 mg/l이하	0.06 mg/l	0.05 mg/l	(0.05) mg/l
비소 As	0.05 mg/l이하	0.2 mg/l	0.2 mg/l	0.01(0.05) mg/l
Manganese Mn	0.3 mg/l이하	0.1(0.5) mg/l	0.1 mg/l	0.05 mg/l
Phenol 류	0.005 mg/l이하	0.001(0.002) mg/l	0.001 mg/l	0.001 mg/l
Calcium Ca	–	75(200) mg/l	–	–
Magnecium Mg	–	50(150) mg/l이하	–	–
몽경도	300 mg/l이하	100~500 mg/l이하	100~500 mg/l이하	–
수소이온	5.8~8.0	7.0~8.5 (6.5~9.2)	–	–
취기	이당이 있어서는 불가	–	–	3°
맛	이당이 있어서는 불가	–	–	이당이 있어서는 불가
색도	2° 이하	–	–	15°
탁도	2° 이하	–	–	5°
증발잔류물	500 mg/l이하	–	–	500(1000) mg/l이하
황산	200 mg/l이하	200(400) mg/l	250 mg/l	250 mg/l
Selenium Se	–	0.05 mg/l	0.05 mg/l	(0.01) mg/l
Barium Ba	–	–	–	(1.0) mg/l
Cadmium Cd	–	0.01 mg/l	0.05 mg/l	(0.01) mg/l
ABS (중성세제) 음이온 활성제	–	–	함유농도에 주의	0.5 mg/l
방사능	–	α 선10^{-9} μc/ml β 선10^{-8} μc/ml	α 선1$\mu\mu$c/e β 선$\mu\mu$c/e	
유리잔류염소	0.2 mg/l이하	–	–	0.05~0.1 mg/l

❑ 복류수(伏流水, spring water)

① 특성

- 대부분 수질이 양호하고 안정되어 있어 수원으로 아주 적합
- 홍수 시 등에는 표류수의 영향을 받아 탁도가 심해짐
- 정기에 걸친 취수가능성의 예측이 곤란
- 때때로 유심변화, 하상저하, 집수관 주위의 투수층 폐색 등으로 취수곤란 발생

② 정수방식

- 반드시 침전지, 여과지 등의 정수시설을 설치
- 홍수시에도 탁도가 10도를 넘지 않은 경우는 침전지가 없어도 됨.
- 완속여과법이 가장 적합: 일시적 탁도와 세균오염에 대해 상당히 안전

❑ 지표수(surface water)

① 특성

- 정확한 수량 예측가능
- 항상 잠재하는 오염위협

② 정수방식

- 완속여과와 급속여과
  - ✪ 완속여과를 적용받는 원수수질(*심한 오염을 받지 않는 물)
    연 평균 탁도가 10~30도, BOD 3 mg/L, 대장균군 수 5,000/100 mL,
    일반균균 5,000/mL
  - ✪ 급속여과를 적용받는 원수수질(*심한 오염을 받는 물)
    30도의 탁도가 연간 30일을 초과하는 경우의 수질
- 때때로 예비침전, 응집침전, 활성탄 흡착 등의 고도처리 적용

7.4 수처리 시설의 구비조건

1. 정수시설

❑ 시설 규모 고려사항

① 계획기간: 장래 5~15년

새로운 수도시설, 기존시설의 확장

② 급수면적

③ 급수량

계획1일최대급수량(= 급수인구 × 계획1인1일 최대급수량)

❑ 시설 일반원칙

• 처리장 위치 결정 고려사항

① 지가가 저렴한 곳

② 부지모양

③ 홍수기록, 지반형태, 지하수위 등(: 공사비에 영향을 주는 사항)

④ 전원 확보기간

⑤ 기존도로와의 연결관계

⑥ 배출 슬럿지의 처분방법

⑦ 인근 주민 및 자연환경과의 관계

• 정수시설의 배열

① 단위공정(unit process)이 각기, 기능을 최대한 발휘할 수 있도록

② 단위공정간 상호연결이 편리하도록

③ 단위공정간의 수위차는 각종 수두의 수리계산이나 실험에 의하여 결정되어야 한다.

④ 쓰레기 하치장 등이 정수시설에 대하여 위생상의 문제를 일으키지 아니하도록

• 상수도 정수의 일반공정: 원수수질에 따라 적절히 생략가능

취수점 또는 펌프장(pump station)에서의 처리–원수의 저류–전염소처리–폭기–침전–여과–

소독–활성탄 흡착–기타 특수처리–슬럿지 처리

❑ 정수법의 선택과 조합을 이루게 하는 것

주로, 원수 수질과 정수 수질에 의해 결정(환경기준)

① 원수의 수질
- 하천의 수질환경기준
- 호소의 수질환경기준
- 해역의 수질환경기준
- 지하수의 수질환경기준

② 정수의 수질
- 먹는 물의 수질기준

③ 수원의 종류

④ 계절이나 기상과 기후 상태
- 정수시설은 정수처리 이외에 그 배수처리시설도 포함하여 종합적으로 계획

❑ 정수법 체택시 고려사항

① 원수의 수질
② 정수량
③ 용지의 취득
④ 건설비
⑤ 유지관리의 난이도
⑥ 관리수준
⑦ 기타

2. 하수처리시설

❑ 시설 규모 고려사항

• 하수처리 공법의 선택을 이루게 하는 것

❶ 하수종말처리장 및 폐수종말처리장(단위, mg/L)

구분	BOD	COD	SS	기타
하수종말처리장	10 이하	40 이하	10 이하	총질소: 20 이하 총인: 2 이하
폐수종말처리장 (농공단지, 오폐수종말처리시설 포함)	30 이하	40 이하	30 이하	

❷ 오수정화시설 · 합병정화조 및 단독정화조(단위, mg/L)

구분	이용목적별 구분	정화조	오수정화시설 처리용량		
			100톤/일 미만	100~200톤/일	200톤/일 이상
특정지역	BOD제거율(%)	65 이상	–	–	–
	BOD	100 이하	30 이하	30 이하	30 이하
	SS	–	20이하	20 이하	20 이하
기타지역	BOD제거율(%)	50 이상	–	–	–
	BOD	–	80 이하	60 이하	40 이하
	SS	–	80 이하	60 이하	40 이하
골프장 및 스키장	BOD		10	10	10
	SS		10	10	10

❸ 분뇨처리시설 및 축산폐수 공공처리시설(단위, mg/L)

구분	BOD	COD	SS	E-coli	기타
분뇨처리시설	30 이하	50 이하	30 이하	3,000 이하	T-N 60 이하 T-P 8 이하
축산폐수처리시설	30 이하	50 이하	30 이하	3,000 이하	T-N 60 이하 T-P 8 이하

• **하수처리공법 채택 시 고려사항**

① 방류수 수질

② 처리장 부지의 지형

③ 기타

• 고도처리 필요성의 대두

① 여러 가지 난분해성 폐기물 성분의 함유

② 수생식물과 조류 번성으로 인한 수질의 악화

③ 하수가 다량으로 공공수역에 방류되는 경우, 수역의 수질을 양호하게 유지하기 위함.

④ 처리된 하수의 재사용

7.5 신기술 소개

분류	내용
신청구분	기술검증
진행현황	접수 진행중 → 접수 완료 → 공고 진행중 → 공고완료 → 신청서검토 → 평가등록비 안내 → 평가등록비납부완료 → 현장조사 준비중 → 현장조사 완료 → 서류심사 준비중 → 서류심사 완료 → 현장평가 진행중 → 현장평가 완료 → 종합평가 준비중 → 종합평가 완료 → 인 · 검증서 발급완료
신청자	한국원자력연구원
사업자번호	314-82-00813
대표사	양명승
담당자명	이면주
담당자부서	방사선공업환경연구부
담당자직위	책임연구원
E-Mail	milee@kaeri.re.kr
전화번호	063-570-3340
FAX번호	063-570-3347
시설소재지	전라북도 정읍시 하수종말처리장
기술분야	대장균군
기술명	전자빔을 이용한 하 · 폐수 위생화 기술
기술내용	2011.1.1부터 공공 하 · 폐수처리시설 및 폐수 배출시설을 대상으로 '생태독성 배출허용기준'이 적용됨에 따라, 기존 하 · 폐수처리장에서 처리된 방류수에 대하여 전자빔 가속기에서 발생되는 전자빔을 조사함으로써 방류수의 항생물질 및 내분비계 장애물질 등의 난분해성 독성유기물질을 분해하여 생태독성을 저감시키고, 대장균을 비롯한 일반세균을 동시에 살균함.
신기술범위	◦전자빔을 이용하여 항생물질 및 재분비계 장애물질을 제거하는 기술 ◦전자빔을 이용하여 하 · 폐수 방류수의 생태독성을 저감하는 기술 ◦전자빔을 이용하여 대장균과 일반세균의 살균 및 재증식을 억제하는 기술

CHAPTER 8
폐기물

폐기물(waste)이란 사람의 생활이나 사업 활동에 필요 없게 된 물질을 이른다. 보통 쓰레기(refuse)를 고형폐기물(solid watse)로 부르듯이 폐기물은 기체상태, 액체상태, 고체상태의 물질이 용도가 끝나 폐기된 것 중에서 환경에 대하여 위해성이 강한 것을 이른다. 대한민국 폐기물관리법에서는 이러한 폐기물의 종류로서 보통 쓰레기 · 연소 재 · 오니 · 폐유 · 폐산 · 폐 알칼리 · 동물의 사체 등을 이른다.

폐기물 오염(waste pollution)을 보통 '인간의 생활 또는 사업 활동에 따라 발생하는 쓸모없는 물질에 의하여 쾌적한 삶의 유지와 재산의 영위에 지장을 초래하는 공해'로 정의할 수 있다.

8.1 폐기물의 증가원인

- 고도 경제성장에 따른 대량 소비화
- 포장쓰레기(wrapping waste)
- 집중 대형화하는 산업단지
- 상품수명의 단축
- 새롭고 다양한 소재로부터 신속한 대체제품의 출현
- 인구의 도시집중에 따르는 주거의 과밀
- 처리능력의 한계를 넘어서고 있는 도시쓰레기의 배출

8.2 폐기물 발생원

폐기물 발생원을 주민들의 토지 이용상황에 따른 도시계획상 용도지역 별로 나누어 보는 것이 쓰레기 발생의 행정관리상 유용한 방법이기도 하지만 사람의 생활과 관련하여 살펴보는 것이 쓰레기 발생문제를 해결하는데 첩경이 된다.

사람이 생명을 유지하고 삶을 영위하는 데에는 폐기물이 필히 배출되기 마련이다. 그리고 폐기물 발생은 도시영역이나 농촌영역을 막론하고 해당 영역에서 거주하는 주민들의 생활 패턴에 많은 영향을 받는다. 폐기물은 사람의 원초적인 생명유지 활동이외에도 보다 더 윤택한 생활 영위를 위한 사람들의 사회활동에 따라서 발생한다. 이런 점에서 폐기물의 발생원을 다음과 같이 나타낼 수 있다.

가. 생활 쓰레기 발생원

- 주거 발생원(residental source)
- 상업 발생원(commercial source)
- 도시 발생원(municipal source)
- 야외 발생원(open area source)
- 기타

나. 산업 쓰레기 발생원

- 산업현장 발생원
  * 공장 발생원(factory source)
  * 농업 발생원(agricultural source)
  * 상업 발생원
  * 기타
- 처리장 발생원(treatment plant source)
- 도시 발생원
- 기타

8.3 폐기물 종류

1. 일반적 구분

1) 생활 쓰레기(livinghood refuse)

(1) 일반 생활쓰레기
생활 쓰레기 발생량의 약 40~50%

① 불연물
연탄재(과거, 발생량의 50% 이상), 주방 진개, 유리, 도자기, 금속, 가전제품

② 가연물: PVC, 나무, 섬유, 종이 등

(2) 포장 쓰레기
생활 쓰레기 발생량의 약 50~60%(유가 폐기물)

① 불연물: 유리병, 알루미늄 캔 등

② 가연물: PET, PVC film, Cartoon paper, 종이 등

2) 산업 쓰레기(industrial refuse)

(1) 일반 산업 쓰레기
① 유기물류
② 무기물류

(2) 특정 산업 쓰레기
① 특정 유해물질(specified harzadous matter): 방사능 물질, 석면(asbestos) 등 41종
② 폐합성수지류
③ 폐유류: 자동차 윤활유 등
④ 폐산류
⑤ 폐알칼리류

3) 액상폐기물(liquid waste)

(1) 분뇨(night soil & urine)

① 인 분뇨(human night soil & urine)

② 가축 분뇨(cattle manure)

소 - 사람 10~16인분의 BOD 발생

돼지 - 사람 2인분의 BOD 발생

닭 7~8마리 - 사람 1인분의 BOD 발생

(2) 슬럿지(sludge)

하, 폐수처리장으로부터 일상적으로 배출됨, 운영비의 70% 이상

2. 폐기물관리법에 의한 구분

1) 생활폐기물

사업장폐기물 외의 폐기물

2) 사업장폐기물

「대기환경보전법」, 「수질 및 수생태계 보전에 관한 법률」 또는 「소음 · 진동규제법」에 따라 배출시설을 설치 · 운영하는 사업장이나 그 밖에 대통령령으로 정하는 사업장에서 발생하는 폐기물

3) 지정폐기물

사업장폐기물 중 폐유 · 폐산 등 주변 환경을 오염시킬 수 있거나 의료폐기물 등 인체에 위해를 줄 수 있는 해로운 물질로서 대통령령으로 정하는 폐기물

4) 의료폐기물

보건 · 의료기관, 동물병원, 시험 · 검사기관 등에서 배출되는 폐기물 중 인체에 감염 등 위해를 줄 우려가 있는 폐기물과 인체 조직 등 적출물, 실험 동물의 사체 등 보건 · 환경보호상 특별한 관리가 필요하다고 인정되는 폐기물로서 대통령령으로 정하는 폐기물

3. 서울특별시 일반폐기물 관리조례에 의한 구분

일반폐기물은 크게 가정에서 배출되는 생활쓰레기와 사업장에서 배출되는 산업폐기물로 나눌 수 있다. 대부분의 일반폐기물은 도시에서 발생되는 도시생활폐기물이지만 사업장에서 발생되는 산업폐기물의 배출량도 점차 증가되고 있다. 일상생활에서 배출되는 생활쓰레기의 종류로는 음식쓰레기, 종이, 판지, 플라스틱, 천, 고무, 가죽, 정원쓰레기, 나무, 유리, 양철깡통, 비철금속, 철금속 및 연탄재 등이며, 주로 음식물과 채소류, 연탄재, 종이류, 나무류, 금속 및 초자류, 플라스틱류 등이다. 사업장에서 발생되는 일반폐기물은 압축폐기물, 미압축폐기물, 농수산폐기물, 음식폐기물 및 건축류폐재류 등이며 일부 생활쓰레기도 배출된다. 서울특별시에서는 일반폐기물관리조례를 제정하여 일반폐기물을 폐기물의 종류와 성상에 따라 다음과 같이 분류관리하고 있으며, 다량의 일반폐기물과 농수산폐기물을 배출하는 사업장에 대해서는 독립된 수집운반 체계를 운영하고 있다.

1) 가정폐기물

단독 또는 공동주택에서 배출되는 폐기물이다.

2) 사업장폐기물

인적, 물적 설비를 갖추고 영리 또는 비영리 행위를 하는 사업장 중에서 면적 165 m^2 미만이며 1일 평균 30 kg 미만의 폐기물을 배출하는 소형 사업장과 연면적 165 m^2 이상이거나 1일 평균 30 kg 이상의 폐기물을 배출하는 중형 사업장이다.

3) 다량폐기물

1일 평균 300 kg 이상 또는 1회에 1톤 이상의 폐기물을 배출하거나, 일련의 공사작업 등 연속되는 행위에 의해 1주일에 1톤 이상 배출되는 폐기물이다.

4) 다량배출 일반폐기물

대기와 수질환경보전법 또는 소음진동규제법에 의한 배출시설의 설치운영과 관련하여 1일 평균 100 kg 이상 배출되는 폐기물이다.

5) 건축물 폐재류

1회에 1톤 이상의 폐기물이 배출되거나, 일련의 공사작업 등 연속되는 행위에 의해 1주일에 1

톤 이상 배출되는 폐기물로서 공작물의 제거 및 토목건축공사 과정에서 배출되는 폐기물이다.

8.4 폐기물 성분

1. 물리적 조성

수거(collection) 및 수송(transportation), 위생매립을 위하여 고려하는 사항이다.

1) 구성성분

현장에서 확률 표본 추출로 구한다.

① 분석방법

❶ 인부 분류(hand classification)

인부들이 직접 분류하여 분석하는 방법으로 시료크기와 쓰레기 종류를 특성화하는 것이다.

❷ 사진 측정(photogrammetry)

사진 촬영 후 격자 블럭(grid block)으로 나누어 스크린에 투영하여 시료크기와 쓰레기 종류를 특성화하는 것이다.

2) 수분 함유량

다음 식에 의하여 구하여 진다.

$$\% = \left(\frac{a-b}{a}\right)\times 100$$

77℃에서 24시간 동안 건조 항량

a: 시료의 초기 무게

b: 건조 후 무게

3) 밀도

단위 부피당 차지하는 질량이다.

4) 단위 용적당 중량

부피를 알고 있는 용기에 시료를 넣고 30 cm 높이에서 3회 낙하시켜 시료의 부피를 감소시킨 후 측정한다.

5) 입자 크기

체분석(sieve analysis)을 통하여 구하여진다.

① **크기에 따른 분류**

5 mm 이하는 미세 폐기물, 5 mm 이상은 조폐기물로 구분한다.

② **입경분포에 따른 분류**

❶ 메디안 입경(median diameter)

체상 곡선에서 중량백분율 R = 50%에 대응하는 입경이다.

❷ 로진 라뮬러 분포(Rosin-Rammuler dispersion)

파쇄 과정에서 발생하는 쓰레기 입도분포를 체상 중량 백분율(R, %), 체하 중량 백분율(D, %)로 표시한다.

❸ 유효입경(effective diameter), dp10

파쇄 과정에서 발생하는 쓰레기 입도분포를 입도 누적곡선상에 나타낼 때 10%에 상당하는 입경으로서 전체 중량의 10%를 통과시킨 체의 눈 크기에 해당하는 입경이다.

2. 화학적 조성

쓰레기 연료(RDF, refuse derived fuel)제조를 위하여 고려하는 사항이다.

(1) 공업분석(proximate analysis)

가. 수분(105℃, 1시간 손실량)

나. VSS(volatile suspended solids, 휘발성 물질, 950℃ 추가 손실량)

다. ash(태운 후 잔류물)

라. FS(fixed solids, 고정 탄소)

(2) ash 용융점(melting point)

재가 액상으로 변화하는 온도이다.

(3) 원소분석(ultimate analysis for composed element)

C, H, O, N, S, ash의 % 농도이다.

(4) 에너지 가치로의 발열량

다음 식으로 구한다.

$$\text{KJ/kg(건량 기준)} = \text{KJ/kg(폐기상태)} \times 100/(100-\text{\%수분})$$

참고로 음식쓰레기를 건조한 후 연소시키면 연탄 발열량(19공탄 기준, 460 kcal)이 생성되는 것으로 알려져 있다.

8.5 폐기물 월경 피해

국가 사이의 폐기물의 월경 피해 또한 중요한 폐기물 문제로 떠오른다.

현대는 가히 지구촌 시대라고 부르는 만큼 교통 및 통신 수단이 발달하였고 보호 무역의 벽이 없어지고 있으며 사람의 왕래가 자유로운 시대이다. 그러므로 이러한 시대에 살고 있는 전 세계 국가 사이의 폐기물 이동 또한 자유롭다. 한 국가로부터 다른 국가로 이동된 폐기물은 해당 국가에 피해를 입히는 것이 당연하다. 그러므로 폐기물의 월경 피해가 국제사회에서 매우 민감한 사항이 되고 있다.

1) 폐기물 월경 피해 분석

다음 도표에서 횡축을 피해방향으로 하여 일방적 피해 A1, 상호피해 A2, 전 지구적 피해 A3를 요소로 하여 표시하고 종축을 피해원인으로 하여 오염물질의 월경이동 B1, 폐기물 수송 B2, 비물리적 관계 B3, 경제적 부수효과 B4를 요소로 하여 표시한 후 각 요소들을 일 대 일 대응시켜 그 피해 정도를 분석하여 대응책을 마련한다.

[그림] 국가사이의 폐기물 월경 피해분석

피해방향 피해원인	일방적 피해, A1 (Undirectional externality)	상호피해, A2 (reciprocal externality)	전 지구적 피해, A3 (global environmental problems)
B1 오염물질의 월경이동 (physical relation)	A1B1	A2B1	A3B1
B2 폐기물 수송 (human transport of waste across border)	A1B2	A2B2	A3B2
B3 비물리적 관계 (non-physical relations)	A1B3	A2B3	A3B3
B4 일방적 경제효과 (economic side-effect)	A1B4	A2B4	A3B4

8.6 폐기물 위해성 평가

1. 위해성(risk)

유해물질의 특정 용량에 노출된 개인이나 집단에 있어 유해한 결과가 발생할 확률 또는 가능성으로 정의(미국국가연구위원회, NRC, 1983). 용량(dose) 또는 노출(exposure)의 함수

- 유해성: 장해를 야기할 수 있는 물질이나 행동
- 위해성: 유해물질의 특정농도나 용량에 노출된 개인 혹은 집단에게 유해한 결과가 발생할 확률(probability) 또는 가능성(likelihood)

위해성(Risk) = 유해성(Hazard) × 노출량(Exposure) (OECD)

☆ 4가지 위해성: ❶발암 위해 ❷비발암 위해 ❸생태학적 위해 ❹복지(welfare) 위해

2. 위해성 평가과정

- RCRA(Resource Conservation and Recovery Act, 미 자원보존 및 회수법), 1965yr. EPA

1단계
목록화 된 유해 폐기물
(listed harzadous wastes)

○공정폐기물 및 슬럿지
○화학물질
*독성폐기물
*급성유해성폐기물

→

2단계
유해 폐기물 특성
(harzadous wastes by characteristics)

○인화성(ignitability)
○부식성(corrosivity)
○반응성(reactivity)
○용출특성(extraction characteristics)

YES ↓ HARZADOUS WASTE

YES ← (2단계 → HARZADOUS WASTE)

NO → NON-HARZADOUS WASTES

❑ 위해성의 정성 · 정량 추정과정(1983년. 미국 국가연구위원회[NRC])

① 유해성 확인(hazard identification)

▹ 동물 실험자료 · 역학(epidemiological) 자료(정성분석)

▹ 과학적이고 통계학적인 질(quality)을 바탕으로 평가

▹ 자료 종류. ❶역학자료(epidemiological study) ❷독성자료(toxicological study) ❸인체대상 인위적 실험자료(controlled human experiments) ❹생체실험(in vivo), 시험관실험(in vitro) 실험자료 ❺물리화학적 성질 자료 ❻기타

② 노출(폭로)평가(exposure aeesssmet)

○ 사람에게 위험성이 확인된 유해물질에 과연 얼마나 노출되는가를 결정하는 단계. 그 물질의 매체중 농도 또는 생물학적 감시자료들을 토대로 하여 추정(정량분석)

○ 노출된 인구집단크기, 노출의 강도(strength), 빈도(frequency) 및 기간(duration), 노출경로 등에 대한 요소들이 반드시 고려되어야 함.

○ 환경오염도 측정(현장 측정 및 모델링), 생체감시(biological monitoring)를 통해 노출량 측정 가능

○ 만성 노출시 위해성 평가에 있어 노출정도(mg/kg/day) 표현 공식

일생동안 일일 평균 노출 = 총 용량/(체중 × 수명)

총 용량 = 오염물질 농도 × 접촉율 × 노출기간 × 흡수분율

③ **용량-반응 평가**(dose-response assessment)

★ 용량반응평가: 인체가 유해물질의 특정용량에 노출되었을 경우, 유해한 영향이 발생할 확률이 어느 정도인가를 추정하는 과정

★ 동물에서 사람으로의 용량 스케일링(dose scaling), 고용량에서 저용량으로의 외삽절차(extrapolation procedure)가 반드시 필요. 이들 외삽에는 수학적인 통계모델이 이용된다(정량분석).

▶ 발암물질의 용량-반응평가

▶ 비발암물질의 용량-반응평가

④ **위해도 결정**(risk characterization)

○ 발암위해도의 정량화

○ 비발암위해도의 정량화

○ 불확실성 분석

★ 모수(parameter)에 대한 불확실성, 모델에 대한 불확실성(model uncertainty), 결정규칙에 대한 불확실성(decision-rule uncertainty), 변수(variability)에 대한 불확실성(uncertainty)

3. 용량반응(dose-response) 판단

❑ 생물실험 및 실험적 역학연구

① **고용량실험에서의 동물-반응 독성**

- LD 50(lethal dose 50, 치명적 경구독성)
  쥐의 입(oral)에 시료를 투입시켰을 때 50%의 치사량을 갖는 농도이다.

LD 50은 한 무리의 실험동물 50%를 사망시키는 독성물질의 양 또는 방사선의 선량으로 반수치사량이라고도 하고 독성물질의 경우는 동물체중 1 kg에 대한 독물량(mg)으로 나타낸다. 그때 동물의 종류나 독물경로에 의해 치사량이 다르게 되므로 이들도 같이 표기한다. 예를 들면 과산화수소 LD 50 = 약 700 mg/kg(쥐, 피하주사)와 같이 표시한다. 같은 동물이라도 나이, 건강상태에 따라 차이가 있지만 일반적으로 50%가 죽을 확률이 있다는 독물량을 말하는 것으로 쥐, 개

등을 이용하여 실험적으로 구한다. 방사선의 경우는 각종 생물의 감수성을 표시한 하나의 방법으로서 rad(라드) 또는 R(뢴트겐)으로 표시하며, X선, Y선에 대하여는 인체에 전신조사 후 30일 이내에 피조사체수의 50%가 사망한 양이다.

- LC 50(lethal concentration 50, 치명적 호흡독성)
  쥐의 호흡(inhallation)에 시료를 4시간 접촉시켰을 때 50%의 치사 농도
- TLM 50(mean toxic limit, 어독성 50)
  수중 물고기군에 시료를 96시간 접촉시켰을 때 50%의 치사량을 갖는 농도
- ILM 50(mean inhibitory limit 50, 식물체 독성 50)
  식물체군에 시료를 96시간 접촉시켰을 때 50%의 고사된 량을 갖는 농도

② 역학조사에서의 허용한계기준(TLV, Threshlod Limit Value[閾値])

인간이 어떤 유해물질에 계속 폭로되더라도 직접 중독이 되거나 간접으로 건강장해를 일으키는 일이 없는 유해물질의 최고농도이다.

TLV는 산업장에서의 경험, 동물실험 및 역학연구로부터 가장 유용한 정보를 통합하여 건강장해, 조직의 작용, 마취작용 또는 불쾌감에 대하여 보호할 수 있는 기준을 설정함을 근본으로 하고 TLV는 (작업관리를 위한) 어디까지나 폭로에 대한 하나의 지침이지 작업조건이 안전하다는지 안전하지 않다든지를 규정하기 위한 목적으로는 이용될 수 없다.

우리나라는 노동부 산업안전과에서 최대허용기준(MPLs)을 설정하여 57종의 화학물질과 8종의 물리적 조건에 대한 MPLs를 제시하고 있다(2008년).

❶ 시간가중 평균치 허용농도(TLV-TWA: Time Weighted Average)

어떤 유해물질에 1일 8시간, 1주 40시간 반복하여 폭로되는 경우에도 모든 사람이 건강문제를 받지 않는다고 인정되는 평균농도의 상한치

❷ 단시간폭로농도(TLV-STEL: Short Term Exposure Limit)

하루 종일 작업하는 동안에 15분까지는 폭로될 수 있는 최대허용치. 이 경우 조건은 1일 4회 이러한 농도에 폭로되어서는 안되며, 폭로와 폭로 사이에 60분 이상 간격이 있어야 하고 하루의 TLV-TWA를 초과해서는 안됨.

❸ 최고치 허용농도(TLV-C: Ceiling)

하루 동안 잠시라도 넘어서는 안 되는 최대허용농도

❑ 용량전환

① 용량전환은 보통 Y = aX^n식으로 성립되는 생리학적 모수와 체표면적 관계에서 체표면적을 이용하여 전환시킨다. 최근에는 단순히 체표면적에 의해 동물에서 사람으로 용량전환을 함으로써 발생할 수 있는 불확실성을 감소시키기 위해 PB-PK(physiological based pharmcokinetics) model을 이용하기도 함.

② 보통 동물실험에서 이용되는 고용량, 즉 최대내성용량(maximum tolerance dose 이하 MTD)과 1/2 · MTD를 근거로 Probit, Logit, Weibull, One-hit, Multi-hit, Multidose model 등을 이용. US. EPA에서는 Linearized(선형) multistage model을 많이 이용

③ 흰쥐 실험결과를 사람에게 적용시키는 방법

- 용량전환: 장기 폭로면적, 감수성 등을 고려
- 외삽(外插)

4. 동물실험(動物實驗, animal experimentation)

- 동물을 사용하여 의학적인 실험을 행하여 생명현상을 연구하는 일
- 실험동물은 원생동물에서 포유동물 영장류까지 포함되나 사람은 제외
- 미국 · 영국 · 스웨덴 · 독일 등에서는 법적으로 규제
- 좁은 뜻의 동물실험으로 의학에서 인체를 대상으로 하여 실험이나 관찰을 행하는 대신 동물을 사용해서 될 수 있는 대로 같은 조건하에서 행하는 실험을 가리키는 경우가 있음.
  - ▹이런 경우에는 현상의 해석에 가장 편리한 동물을 동물의 계통 발생적 위치를 고려하지 않고 선정하는 경우와, 될 수 있는대로 인류와 가까운 동물을 골라 실험하는 경우가 있음.
  - ▹후자의 경우에도 그 실험 성적을 결코 그대로 인체의 예에 응용할 수 있는 것은 아님.
- 2종 이상의 고등동물을 사용하여 그 실험 결과를 해석하는 등 여러 가지 시도

8.7 유해화학물질

유해화학물질이란 유독물, 관찰물질, 취급 제한금지물질, 사고 대비물질 그 밖에 유해성 또는 위해성이 있거나 그러할 우려가 있는 화학물질을 말한다.

2010년 현재 전 세계적으로 약 1,200만 종이 존재하며, 매년 2천여 종의 새로운 화학물질이 개발되어 상품화되는 것으로 알려져 있다. 국내에서 유통되는 화학물질은 약 4만여 종이며, 유통량은 약 2.9억 톤('02년 기준)으로서 매년 약 400종의 화학물질이 새로이 국내 시장에 진입한다. 2010년 현재 전 세계적으로 유통되고 있는 화학물질 수는 약 10만 종으로, 매년 2,000여 종의 화학물질이 새로이 시장에 진입한다.

1. 유해화학물질관리법

1) 목적

화학물질로 인한 국민건강 및 환경상의 위해(危害)를 예방하고 유해화학물질을 적절하게 관리함으로써 모든 국민이 건강하고 쾌적한 환경에서 생활할 수 있게 함을 목적으로 한다.

[전문개정 2007.12.27]

2) 용어의 정의

① 화학물질: 원소 · 화합물 및 그에 인위적인 반응을 일으켜 얻어진 물질과 자연 상태에서 존재하는 물질을 추출(抽出)하거나 정제(정제)한 것

② 신규화학물질: 다음 각 목의 화학물질을 제외한 화학물질

가. 1991년 2월 2일 전에 국내에서 상업용으로 유통된 화학물질로서 환경부장관이 고용노동부장관과 협의하여 1996년 12월 23일 고시한 화학물질

나. 1991년 2월 2일 이후 종전의 규정이나 이 법의 규정에 따라 유해성심사를 받은 화학물질로서 환경부장관이 고시한 화학물질

③ 유독물: 유해성이 있는 화학물질로서 대통령령으로 정하는 기준에 따라 환경부장관이 정하여 고시한 것

④ 관찰물질: 유해성이 있을 우려가 있는 화학물질로서 대통령령으로 정하는 기준에 따라 환경부장관이 정하여 고시한 것

⑤ 취급제한물질: 특정용도로 사용되는 경우 위해성이 크다고 인정되어 그 용도로의 제조, 수입, 판매, 보관 · 저장, 운반 또는 사용을 금지하기 위하여 제32조에 따라 환경부장관이 관계 중앙행정기관의 장과 협의하여 지정 · 고시한 화학물질

⑥ 취급금지물질: 위해성이 크다고 인정되어 모든 용도로의 제조, 수입, 판매, 보관 · 저장, 운

반 또는 사용을 금지하기 위하여 제32조에 따라 환경부장관이 관계 중앙행정기관의 장과 협의하여 지정 · 고시한 화학물질

⑦ 사고대비물질: 급성독성(急性毒性) · 폭발성 등이 강하여 사고발생의 가능성이 높거나 사고가 발생한 경우에 그 피해 규모가 클 것으로 우려되는 화학물질로서 사고 대비 · 대응계획이 필요하다고 인정되어 제38조에 따라 대통령령으로 정하는 것

⑧ 유해성: 화학물질의 독성 등 사람의 건강이나 환경에 좋지 아니한 영향을 미치는 화학물질 고유의 성질

⑩ 위해성: 유해한 화학물질이 노출되는 경우 사람의 건강이나 환경에 피해를 줄 수 있는 정도

⑪ 취급시설: 화학물질을 제조, 보관 · 저장, 운반(항공기 · 선박 · 철도를 이용한 운반은 제외) 또는 사용하는 시설이나 설비

3) 관리

① 유해화학물질과 유독물은 거의 같은 뜻. 유해성이 있으면 유독물임. 화학약품 중에 사람에 따라서 약간의 부작용이 있다면 유해성이 있을 수도 있는 것이고 유독성은 아닌 것임

② 환경부장관은 유해화학물질을 효율적으로 관리하기 위하여 5년마다 유해화학물질의 관리에 관한 기본계획(이하 '기본계획'이라 한다)을 수립하여야 함.

③ 화학물질을 제조하거나 수입하고자 하는 자(수입을 수입대행자에게 위탁한 때에는 위탁한 자를 말한다. 이하 같다)는 환경부령이 정하는 바에 의하여 당해 화학물질 또는 그 성분이 다음 각호의 1에 해당하는지 여부에 관하여 확인(이하 '화학물질확인'이라 한다)을 하고, 그 내용을 환경부장관에게 제출하여야 함.

㉮ 신규화학물질

㉯ 유독물

㉰ 관찰물질

㉱ 취급제한 · 금지물질

4) 로테르담 협약

현재, 특정유해화학물질 및 농약의 국제교역 관련 「사전통보승인절차(PIC: Prior Informed Consent)에 관한 로테르담 협약」이 발효(2004)되어 있는 상태이다.

8.8 폐기물처리 단위공정

1. 물리적 처리

1) 폐기물 수집(Collection)

• 집에서 쓰레기통으로(House to Can) → 쓰레기통에서 트럭으로(Can to Truck) → 트럭의 집에서 집으로(Truck from House to House) → 트럭에서 처분장으로(Truck to Disposal)

❑ House to Can Phase

(1) 이동식 쓰레기통

① 소형: 20 kg 이하

② 중형 및 대형

아파트 단지나 대형 상가, 견인식, 0.8~30 m^3

(2) 고정식 쓰레기통

① 독립식과 벽면부착식

② 먼지와 악취발생

③ 쓰레기 종량제: 전분함유 생붕괴성 종량제봉투 사용

- 1996, 6.: 탄산칼슘 함유 PE봉투 규격제정
- 1999, 5.: 붕괴성 봉투규격 제정(지방족 폴리에스테르 및 전분 30% 이상 함유 봉투)

❑ Can to Truck Phase

(1) 용기식 수집방법

모아진 쓰레기를 차량에 직접 옮겨 적재한 후 용기를 다시 이용하는 방법

(2) 자루수집 방식

플라스틱 자루에 넣어 자루 채 버리거나 자루를 다시 이용하는 방법

(3) 상자형 수집방식

(4) 콘테이너 수집방식

- 견인식 시스템(hauled system)

- 고정식 시스템(stationary system)

(5) 수거인부 손수레방식

- 문전수거
- 타종수거

(6) 대형 쓰레기통 수거방식

(7) 수거차량방식

[표] 일반폐기물의 수집, 운반, 처리기준 및 방법(시행령 제7조 관련)

1. 수집 · 운반의 경우
 가. 지역별, 계절별 발생량 및 특성을 고려하여 정기적으로 수집
 나. 지역여건에 맞게 기계적 상차방법에 의하여 수집 · 운반
 다. 수집, 운반 장비로부터 흩날리거나, 흘러나오거나, 악취가 분산되거나 오수가 흘러나오지 않게 한다.
 라. 다른 지역을 경유하는 경우 적재함이 밀폐된 차량으로 운반
 마. 하역 후 먼지가 발생하거나 흩날리지 않게 한다.
 바. 수집, 운반 장비는 항상 청결하게 유지한다.
2. 처리의 경우
 가 공통사항
  (1) 흩날리거나 흘러나오거나 악취가 발산되지 않도록 한다.
  (2) 쥐, 파리, 모기 등 해로운 벌레가 발생, 번식하지 않도록 한다.
 나. 개별 기준
  (1) 매립기준 및 방법
   (가) 일반폐기물 매립지라고 표시된 장소에만 매립한다. 다만, 1종류의 일반폐기물 또는 수질오염방지 조치가 필요하지 않은 2종류 이상의 일반폐기물을 매립하는 경우에는 이를 매립지 표지판에 부기하여야 한다.
   (나) 복토재는 15 cm 두께의 1일 복토와 매립이 7일 이상 중단되는 경우 30 cm 이상의 중간복토를 하고 매립지 사용완료 후 50 cm 이상의 최종복토를 한다. 다만, 특정폐기물의 분류되지 않은 연탄재, 소각 잔재물, 도자기 편류나 폐각류와 같이 악취발생이나 흩날릴 우려가 없는 경우에는 일일복토 및 중간복토를 생략할 수 있다.
   (다) 특정폐기물이 아닌 부패성 폐기물만 (함량이 40% 이상)을 매립하는 경우에는 일반폐기물의 높이가 매 3 m 되기 전에 복토하여야 한다.
   (라) 침출수는 수질환경보전법 시행규칙의 오염물질의 배출허용 기준 이하로 처리하여야 한다.
   (마) 일반폐기물 매립지에 직접 매립하기가 부적합한 오니 등의 일반폐기물을 매립하는 경우에는 환경부 장관이 정하여 고시하는 기준 및 방법에 의하여 사전처리 후 매립한다.
  (2) 소각기준 및 방법
   (가) 소각시설에서 소각하여야 한다.
   (나) 소각시설로부터 악취, 먼지가 외부로 배출되지 아니하여야 한다.
  (3) 압축시설, 파쇄시설, 퇴비화 시설 등 처리기준 및 방법
   소음, 악취, 먼지, 오수 등이 주변 생활 환경에 지장을 주지 않도록 한다.
  (4) 기타 처리시설 – 위와 같음

□ Truck from House to House Phase

(1) 수집효율을 높일 것.

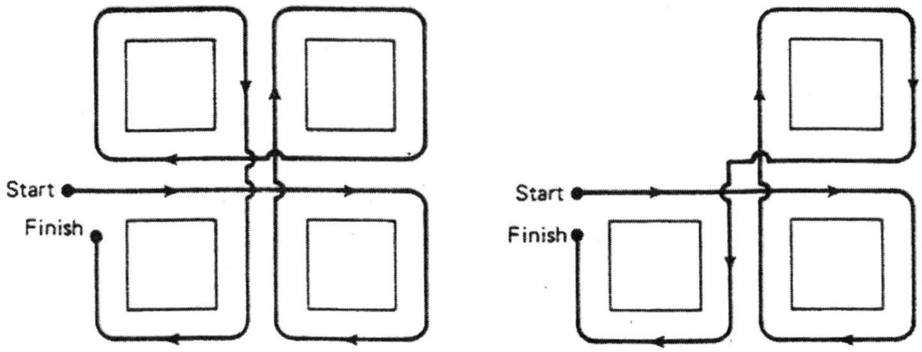

[그림] 유효한 수거 루트 양식

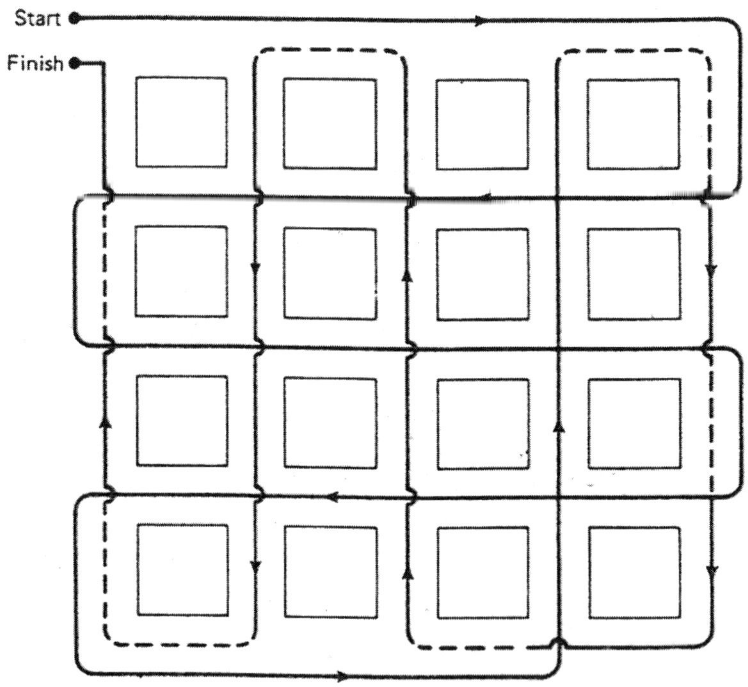

[그림] 가로 양면에서의 수거

(2) 수집 규칙

① 수집루트가 중복되어서는 아니되지만 단축될 수 있고 분산되어서는 아니된다.

② 출발점은 가능한한 트럭 차고와 근접되어 있어야 한다.

③ 러쉬아워 시간을 피하여야 한다.

④ 가로질러 수집을 할 수 없도록 된 일방통행 가로는 그 가로 위 끝부분으로부터 유턴하여야 한다.

⑤ 한쪽 끝이 막혀있는 가로에서는 그 가로의 오른쪽에서 수집하여야 한다.

⑥ 언덕에서의 수집은 트럭이 미끄러져 내려갈 수 있도록 위 부분으로부터 아래부분으로 행하여야 한다.

⑦ 시계방향으로 우회전하여 수집하여야 한다.

⑧ 우회전전에 길고 쭉 뻗은 가로에서의 수집이 우선되어야 한다.

⑨ 양방향 통행에서 (교통 체증 등으로) 전혀 유턴을 할 수 없는 가로의 경우 소 단위 블록으로부터 다른 블록으로 이동하거나 접근하는 경우에만 유턴이 피해질 수 있다(그렇지 않고서는 유턴이 허용된다.) .

❑ Truck to Disposal Phase

적환장(transfer station)을 설치하여 처분장으로 수송함을 고려한다(allocation model).

ㅇ 적환장 위치 결정 원칙

① 수거하여야 할 각 쓰레기 발생지역의 무게중심(centroid)에 가까운 곳

② 쉽게 간선 중심도로에 연결될 수 있는 곳

③ 적환장 · 중계처리장 운영에 있어 공공이나 환경적 영향이 가장 적은 곳

④ 건설이나 조작이 가장 경제적인 곳: 총 운반비가 가장 저렴한 곳

2) 위생매립(Sanitary Landfilling)

① 도랑식 공법(trench method), 현 우리나라 쓰레기 대부분이 적용됨

② 기능

안정화, 감량화, 양질화(: 저류, 분해, 처리 기능)

③ 구성시설

④ 저류 구조물, 구획제방, 차수시설, 우수배수시설, 침출수 집 배수시설, 비산먼지 방지시설, 가스처리시설, 침출수처리시설, 침출수조정설비, 진입도로

⑤ 복토

쓰레기종류, 주변환경여건, 복토재료(: 다짐과 투수성, 통기성이 양호한 것), 매립후 사용 목적에 따라 다름

A. 당일 복토: 1일 작업 후 15 cm 기준

B. 중간 복토: 운반 차량의 지반 다짐, 우수배제 목적으로 행함.

C. 최종 복토: 50 cm, 1 m 정도로 행함.

⑥ 위생매립지의 일반적 구조

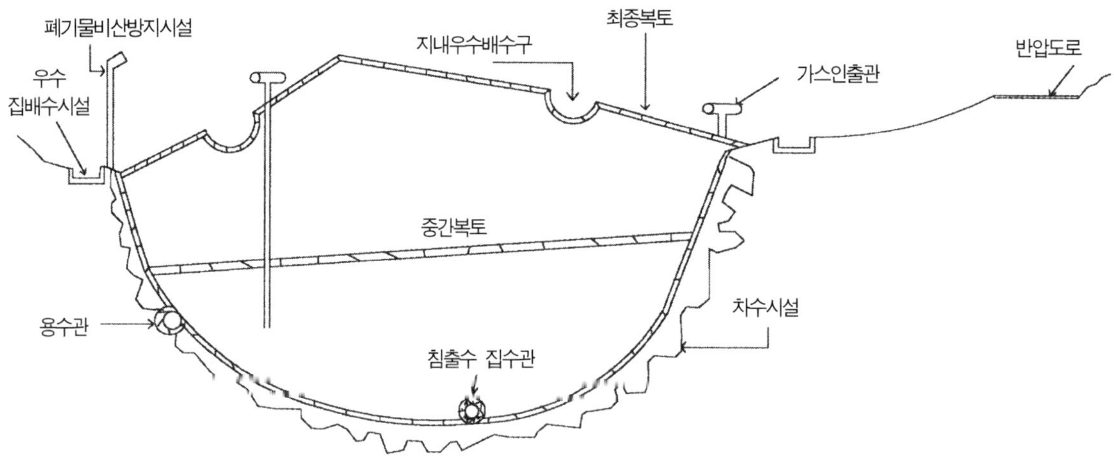

⑦ 매립의 종류

영향평가기법이 주로, 지하수 오염과 자연생태 파괴예방에 초점이 맞추어져 있음.

- 매립위치에 의한 분류
  - 내륙매립
  - 해안매립

- 매립구조에 의한 분류
  - 혐기성 매립: 트렌치(trench)에 단순 투기
  - 혐기성 위생매립: 트렌치(trench)에 투기 후 단순한 일일 복토
  - 개량혐기성 위생매립

    혐기성 위생매립에서 침출수 집배수시설, 차수막 설치운용

– 준호기성 매립: 개량혐기성 위생매립에서 우수집배수시설 운용
– 호기성 매립: 준호기성 매립에서 공기이송 장치 운용

• 매립공법에 의한 분류
– 내륙매립: 샌드위치공법, 셀공법, 압축매립공법, 도량형공법
– 해안매립: 내수배제 또는 수중투기공법, 순차투입공법, 박층뿌림공법

[표] 매립조건

조건 · 종류	육상매립	해안매립
사회적 조건	• 주변에 민가가 적고 주거지역으로부터 떨어져 있을 것. • 용도상 규제를 받는 지역을 피할 것. • 지역주민의 생활의존도가 아주 높은 장소는 피할 것(농경지, 주거지 등). • 수송로상 밀집 주거지역 또는 교통량이 많은 곳은 피할 것. • 매립 후 이용이 편리할 것.	• 주변에 민가가 적고 주거지역으로부터 떨어져 있을 것. • 공유수면매립법 상 규제를 받는 장소를 피할 것. • 지역주민의 생활의존도가 아주 높은 장소는 피할 것(어장, 양식장, 휴양지 등). • 매립 후 이용이 편리할 것.
환경적 조건	• 지하수가 흐르거나 지하수맥이 존재하지 않을 것. • 상수도 등의 수원개발 대상지역이 아닐 것. • 침출수 처리장 등의 용지확보가 충분하고 공해대책, 안전대책 등 처분지의 관리를 집중적으로 행할 수 있을 것. • 경관의 손상이 적을 것.	• 조류특성에 변화를 주기 쉬운 장소를 피할 것. • 물질확산에 영향을 주는 장소를 피할 것. • 해저의 지형이나 지질에 큰 변화를 주는 장소를 피할 것. • 부영양화에 의한 저질을 제거하는 경우 문제가 되는 장소를 피할 것. • 용존산소의 공급, 해수와 담수와의 혼합, 산란장과 고기육성장소를 피할 것.
방재적 조건	• 집수면적이 작을 것. • 개곡구배의 안정도가 높을 것. • 산의 지형이 방재, 재방, 저류시설의 시공이 용이할 것.	• 토사의 이동에 의한 침식을 받는 장소를 피할 것. • 파장(波長), 고조(高潮)가 변화를 일으키는 장소를 피할 것.
경제적 조건	• 공간용량의 확보가 용이할 것. • 적절한 운반거리 내에 있을 것. • 전력, 수도, 전화 등 편이시설을 쉽게 끌 수 있을 것. • 복토용의 토사를 용이하게 얻을 수 있을 것.	• 파장, 고조가 변화를 일으키는 장소를 피할 것. • 연약한 지질이 깊은 곳은 피할 것. • 적당한 운반거리가 확보될 것. • 수심이 얕고, 조위의 변화가 작고, 토질이 안정된 장소를 선택할 것.

3) 해양투기(Ocean Dumping)

① 주입식 공법(injection method)

② 재부상(resuspension) 및 확산 방지

- 상류와 사류를 구분하는 한계수심 이하의 장소로 정치.
- 콘크리트 등의 부식방지 재료로 밀봉한 후 투기

• 폐기물을 해양에 투입 처분하는 것은 원래 바람직한 방법은 아니지만, 폐기물관리법 및 해양오염방지법 등에서 기준을 정하여 제한적으로 실시가 인정되고 있음.

해양수산부에서는 해양수질 개선대책 일환으로 육상폐기물의 해양투기량을 2011년 50%, 2012년부터는 하수오니, 축산폐수의 해양투기를 전면금지하는 [육상폐기물 해양투기 종합대책]을 수립 발표

- 하수오니, 축산폐수 2011년까지 해양투기 원칙적 금지
- 연도별 해양투기 총 허용량제 도입 등 관리방식 개편
- 투기해역에서 정기적인 환경모니터링 실시
- 기타

• 해양투기에 따른 국제문제 야기 우려

- 폐기물의 해양투기에 대한 국제적 규제가 강화되고 있는 추세에서 투기확대로 오염물질의 주변국 해역 유입시 외교적 마찰 우려
- 런던협약(1972) 홈페이지에 대한민국은 폐기물 대량 배출국으로 거명
- 런던협약(1972): 폐기물 투기에 의한 해양오염 방지에 관한 협약(1993 대한민국 가입)
- 관련 국제기준의 국내수용체제 구축 및 이행방안 마련 미흡
- 해양투기 규제가 강화된 '런던협약 '96의정서' 발효 ('06.3.24)

[참고자료]

해양오염방지법 시행규칙(국토해양부령)

제42조 (폐기물의 처리)

① 제35조의 규정은 법 제18조의 규정에 의한 폐기물의 처리에 관하여 이를 준용한다. [개정 2000 · 2 · 11]

② 법 제18조의 규정에 의하여 폐기물해양배출업의 등록을 한 자(이하 "폐기물해양배출업자"라 한다)가 해양에 배출하기 위하여 위탁받을 수 있는 폐기물은 법 제23조제1항의 규정에 의하여 위탁처리신고를 한 것에 한한다. [개정 2000 · 2 · 11]

제35조 (해양배출이 가능한 폐기물의 종류 등)

① 법 제16조제4항의 규정에 의하여 육지에서 처리가 곤란한 폐기물로서 해양배출이 가능한 폐기물은 별표 14와 같다.

② 법 제16조제4항의 규정에 의하여 제1항의 규정에 의한 폐기물을 해양에 배출할 경우 그 배출해역 · 배출해역별 배출가능폐기물의 종류 및 처리방법과 그 처리기준은 각각 별표 15 및 별표 16과 같다.

[별표 14] 〈개정 2006.2.21〉

육지에서 처리가 곤란한 폐기물로서 해양배출이 가능한 폐기물(제35조제1항 관련)

1. 확산식 처리방법에 의하여 배출하여야 하는 폐기물

가. 「오수 · 분뇨 및 축산폐수의 처리에 관한 법률」 제2조의 규정에 따른 분뇨 또는 축산폐수와 오수처리시설 · 축산폐수처리시설 또는 분뇨처리시설에서 발생된 액상(수분의 함량이 95% 이상이거나 고형물의 함량이 5% 미만인 것을 말한다. 이하 같다)의 것.
다만, 전처리가 필요한 분뇨는 전처리된 것에 한한다.

나. 「수질환경보전법」 제2조의 규정에 따른 폐수 중 다음의 것

(1) 「수질환경보전법 시행규칙」 별표 3 제2호의 배출시설란 제4호 내지 제15호 및 제73호의 배출시설에서 배출된 폐수 및 그 수질오염방지시설에서 발생된 액상의 것

(2) 「수질환경보전법 시행규칙」 별표 4 제4호 각 목에 해당하는 생물화학적 처리시설에서 발생된 액상의 것

다. 「폐기물관리법」 제2조제1호의 규정에 따른 폐기물 중 오니(수분의 함량이 95% 미만이거나 고형물의 함량이 5% 이상인 것을 말한다. 이하 같다)로서 다음의 것

(1) 가목의 오수처리시설 · 축산폐수처리시설 또는 분뇨처리시설에서 발생된 것

(2) 나목(1)의 배출시설에서 발생된 공정오니 및 그 수질오염방지시설에서 발생된 것

(3) 나목(2)의 처리시설에서 발생된 것

(4) 「하수도법」 제2조의 규정에 따른 하수종말처리시설에서 발생된 것

라. 「폐기물관리법 시행령」 제4조의 규정에 따른 폐기물처리시설에서 발생된 폐수 중 다음의 것

(1) 기계적 처리시설 중 음식물류 폐기물을 처리하는 연료화시설에서 발생된 액상의 것

(2) 생물학적 처리시설 중 음식물류 폐기물을 처리하는 사료화 · 퇴비화시설 및 호기성(好氣性) · 혐기성(嫌氣性) 분해시설에서 발생된 액상의 것(「수질환경보전법 시행규칙」 별표 3 제2호의 배출시설란 제10호의 음식물폐기물을 원료로 하는 사료제조시설에서 발생된 것을 포함한다.)

마. 어류 · 패류의 젓갈 또는 김치의 생산 · 유통 및 보관과정에서 발생된 폐기물

바. 수산물가공잔재물(조개껍질 등 각질류의 것을 제외한다.)

사. 나목의 배출시설에서 원료로 사용된 동 · 식물폐기물

2. 집중식 처리방법에 의하여 배출하여야 하는 폐기물

가. 수산물가공잔재물 또는 「어장관리법」 제14조의 규정에 따른 어장정화 · 정비를 실시하는 때에 수거되는 조개껍질 등 각질류의 것

나. 수저(水底)준설토사로서 합성로프 · 폐어구 · 플라스틱류 · 넝마 또는 고무제품 등 이물질이 섞인 물건을 제거한 것

3. 그 밖에 국제협약에서 해양배출이 허용되는 폐기물로서 해양수산부장관이 해양배출이 가능하다고 인정하여 해당품목별 처리방법을 지정하여 고시하는 폐기물

※ 비고

1. 확산식 처리방법의 경우에는 다음 각 목과 같이 배출하여야 한다.

가. 해면 아래에서 배출되도록 할 것

나. 평균 대수속도 4노트 이상으로 항해하면서 배출할 것

다. 합성로프, 폐어구, 플라스틱류, 넝마, 고무제품, 머리카락, 동물의 털 등 물건을 제거할 것

라. 황산제1철 또는 염화제2철을 0.1% 이상 섞어 넣어 갈아서 부술 것(분뇨처리시설 등에 의하여 처리되지 아니한 분뇨에 한한다)

마. 갈아서 부수어 배출할 것(각질류를 제외한 수산물 가공 잔재물에 한한다)

2. 집중식 처리방법의 경우에는 다음 각 목과 같이 배출하여야 한다.

가. 비중 1.2 이상의 상태로 배출할 것

나. 항해 중에 배출하지 아니할 것

다. 가루의 상태로 배출하지 아니할 것

라. 폐기물 또는 포장된 용기 등이 떠다니지 아니하도록 처리할 것

CHAPTER 9
자원순환기술

대한민국은 21세기에도 지속적으로 경제가 성장하고 발전하도록 환경적 기초를 튼튼히 하여야 하는 사항을 환경기본법에 수록해 놓고 있다 그 시책의 초점이 발생된 폐기물을 단순하게 처분하는 것에서 점차적으로 자원 순환 형 사회로의 전환을 촉진하는 것에 맞추어져 있다. 이에 따라 2001년부터 가연성폐기물을 소각하는 것을 원칙으로 하고 2005년부터는 특별시, 광역시 또는 시 지역에서 발생하는 음식물 쓰레기를 사료화, 퇴비화, 소멸화 또는 소각하여야 함을 규정하고 있다.

9.1 3R, 3P

(1) 개념

① 3R concept
- Reduction: 폐기물 발생 억제
- Reuse: 폐기물 재사용
- Recycling: 폐기물 재활용(에너지회복개념 포함)

② 3P concept: 주로, 산업폐기물 처리에 응용
- Polluters pay payment: 오염자 비용부담

(2) 3R과 3P의 수행은 국민들 생활에 지대한 영향을 미침

- 국민들 의견 수렴이 절대적인 관계 정책 시행
  - 전문가 시스템(expert system) 활용
  - 위원회의 활용

9.2 기술사회의 물질흐름

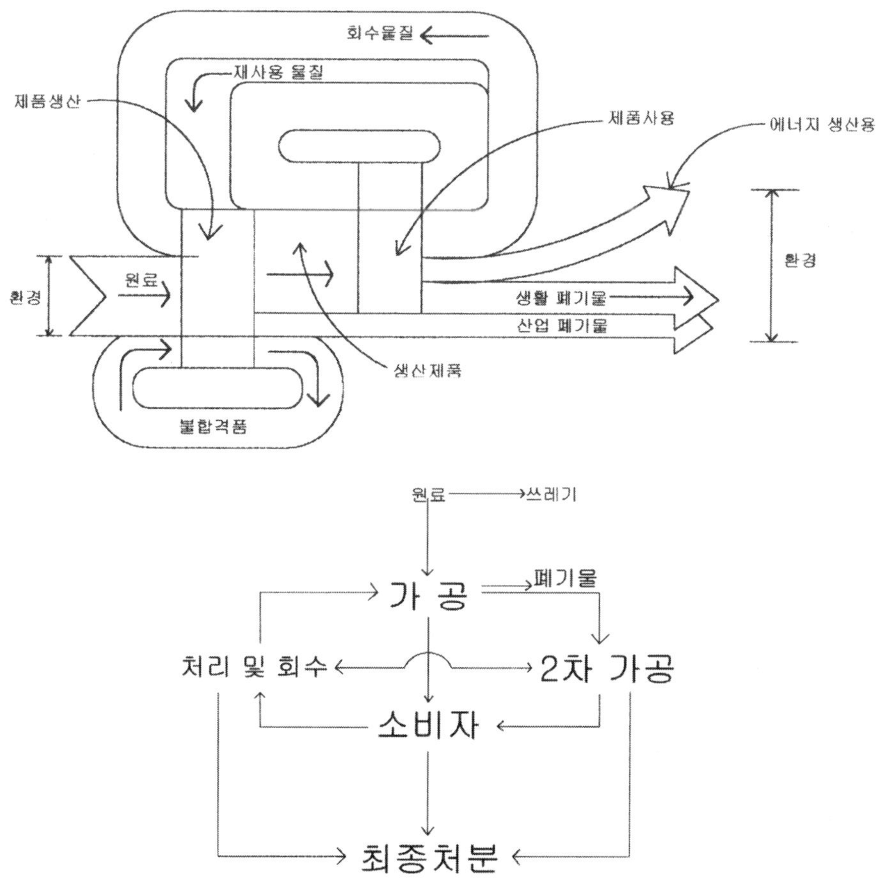

[그림] 기술사회의 물질흐름(flow of domestic waste in society)

9.3 폐기물 관리

(1) 기금(fund) 조치

가. 예치금 제도(deposit fund system)

예치금 제도의 시초가 1972년 미국 오리건(Oregon) 주에서 시행된 오리건 공병 법안(Oregon Bottle Bill)이다. 한국에서도 공병 등의 보증금제도에 시행되고 있다.

나. 부과금 제도(charge system)

* 배출 부과금(effluent charge)

* 제품 부과금(product charge)

상품의 제조, 소비과정에서 폐기물이 발생되는 경우에 한하여 상품 가격에 부과하는 제도이다.

* 사용자 부과금(user charge)

쓰레기 세금이 그 예가 된다.

(2) 세제 및 재정적 조치

폐기물 처리나 재활용 기업체에 대한 융자 및 세금 감면 제도가 예가 된다.

(3) 유기성 폐기물의 자원화

가. 퇴비화(composting)

음식물 폐기물 · 축분 등을 식물이 잘 성장하도록 숙성(curing)된 토양 개량제(soil conditioner)로서 퇴비(compost)로 만드는 것이다.

나. 메탄 발효(methane fermentation)

혐기성 소화 공정을 통하여 유가가스인 메탄가스로 만드는 것이다.

(4) 가연성 쓰레기의 자원화

소각(incineration) · 열분해(pyrolysis) · 가스화(gasification) 등의 열적분해 공정을 통하여 에너지로 만드는 것이다.

9.4 폐기물 자원화 기술

1. 전처리 기술

1) 물질 회수

폐기물을 처리 혹은 처분하기 전 재활용 가능한 성분을 선별 수집하는 것

① 손 선별

컨베이어 벨트를 이용하여 손으로 종이류, 플라스틱류, 유리류 등을 분류하는 방법

② 스크린 선별

다양한 구성의 폐기물을 스크린의 크기에 따라 분류하는 방법. 회전 스크린과 진동 스크린이 있음.

- 트롬멜(trommel) 스크린

스크린 중에서 선별 효율이 가장 좋고 유지관리상 문제가 적음.

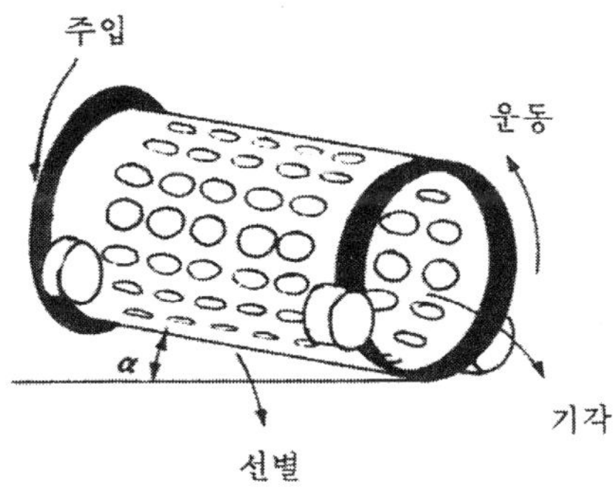

③ 공기 선별

폐기물 내에 가벼운 물질인 종이나 플라스틱류를 기타 무거운 물질로부터 선별해내는 방법

❶ 공기선별 이론

- 무거운 입자로부터 가벼운 입자가 공기역학적으로 분리하는 과정과
- 기류로부터 가벼운 입자들을 분리하는 과정

④ **관성 선별**(inertial seperation): 유럽에서 광범위하게 사용되는 방식

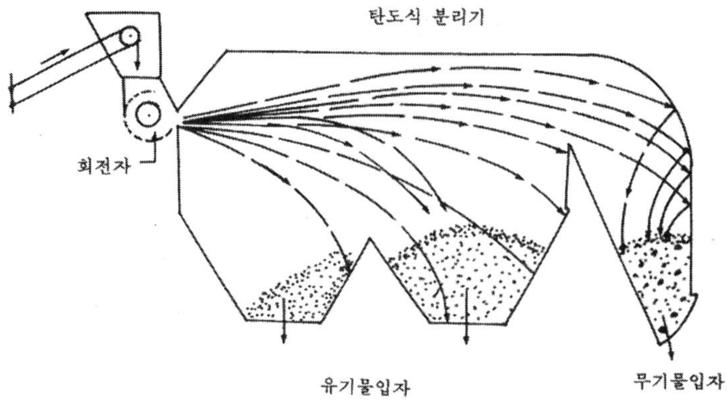

⑤ 자석 선별: 철 성분의 자성을 이용하여 분리하는 과정

⑥ 광학 선별

- 돌, 코르크 등의 불투명한 것과 유리 같은 투명한 것의 분리에 이용. 기계적으로 투입되고 광학적으로 조사되며 조사결과가 전기전자적으로 평가되고 선별대상입자는 압축공기의 분사에 의해 정밀하게 제거됨.

⑦ 기타

2) 파쇄(shredding)

3) 분쇄

4) 습도 맞추기

5) pH 조정

6) 기타

2. 소각(incineration)

1) 일반 이론

① 건조효율 및 건조속도: 함수율을 중심으로

- 예열기간
- 항률건조기간
- 감율건조기간: 이 시간이 건조 완료되는 시점

② 임계함수율(critical moisture content)

항률건조기간으로부터 감율건조기간으로 이동하는 점

③ 착화 및 연소시간

- 폐기물 표면 온도를 가능한한 빠르게 고유 착화온도 이상으로 올릴 것
- 열원으로부터 폐기물 표면으로의 저항을 감소시켜 유효전열량을 최대로 할 것
- 노의 온도를 가능한한 높게하여, 유효한 대류복사전열을 방해하지 않는 것이 좋음
- 폐기물의 비표면적을 최대한 크게 할 것

④ 매연(검뎅이, soot), 분진, HCl, 황산화물, 질소산화물 등의 유해 가스방지

- soot는 400~500℃ 부근에서 많이 발생
- 질소, CO_2, Ar 등의 불활성 기체를 혼입하면 soot발생 적게 된다.
- 일반적으로 900℃ 이하로 억제
- 연소가스의 고온체류시간을 가능한 범위로 단축
- 화로 열부하를 필요이상 높이지 않는다.
- 연소실벽에 냉각 장치를 부착하여 화염온도를 필요이상 높이지 않을 것
- 정량화학분석(stoichimetric analysis)에서 산출된 이론 산소공기량보다 크게 잉여 공기량(excess air quality)을 유지
- 불활성 기체(연소배기가스, 수증기 등)를 혼입하여 산소농도를 상대적으로 저하시켜 연소속도를 억제한다.

2) 다이옥신 문제

① 반건조 스프레이 타워의 채용

② 연소방식의 전환(가스화, 열분해)

③ 기타

3) 소각로 형식

① 화격자 연소(combustion by fire grater, roaster): stoker type

로내에 고정 또는 이동 화격자 설치, 그 위에 폐기물 투입, 소각한다.

스토커(stoker)는 쓰레기 층에 접하여 건조, 연소를 행하는 상(床)을 움직이는 구동 및 전달장치

② 바닥 연소(fixed bed incineration): 고정상 식

③ 유동상 연소(fluidized bed incineration)
모래 등의 내연성 분립체를 유동 매체로 하고 이것에 고온 가스(1200~3500 mm H_2O, 200~500℃)를 불어 넣어 유동상을 형성하여 쓰레기를 소각

④ 부유 연소

⑤ 분무 연소

⑥ 기타

4) 폐열회수 및 이용설비

① 보일러(boiler)
연소열을 압력용기 속의 물로 전달하여 소요압력의 증기를 발생시키는 장치(증기생산 극대화)

② 열 교환기: 보일러 등에 설치, 보조적으로 폐열을 회수 하는데 이용
- 과열기: 탄소강, 니켈, 크롬, 몰리브덴, 바나듐 등을 사용하는 열교환기
- 재열기: 증기 터어빈 속에서 소정의 팽창을 하여 포화증기에 가까워진 증기를 이끌어내어 그 압력으로 재차 가연하여 다시 터어빈에 되돌려 팽창시키는 경우에 사용
- 이코노마이저(절탄기): 보일러 전열면을 통과한 연소가스의 여열로 보일러 급수를 예열하여 보일러의 효율을 높이는 장치
- 공기예열기: 연도 가스 여열을 이용하여 공기를 예열하여 보일러의 효율을 높이는 장치

3. RDF(Refuse Derived Fuel, 쓰레기 추출 연료) 생산기술

1) 일반이론

① 완전 무산소상태에서 폐기물을 열에 의하여 처리하는 기술

② 소각은 줄곧 발열반응이 이루어지나 이 기술들은 처음에는 흡열반응이지만 후에 발열반응으로 변화함: 다이옥신(dioxin) 생성이 전혀 없음.

③ RDF
- 수소, 메탄, 일산화탄소, 유기성 물질에 따른 가스성분을 포함하는 기체상 물질: 연소용 가스(flammable Gas); 6,230 kcal/m^3의 에너지 함량

- 아세트산, 아세톤, 메탄올 및 산화된 고분자 탄화수소류를 포함하는 타르(tar)와 같은 액체상 물질: 옥탄도가 낮은 오일(oil): 9,000 Btu/lb(5,000 kcal/m^3)−10,600 Btu/lb의 에너지 함량(함수율 관계)
- No. 6. Bunker C 유의 에너지 함량: 18,200 Btu/lb

  Btu(British thermal unit): 열용량 단위, 1파운드(0.45 kg)의 물 온도를 1°F 올리는데 필요한 열량. 1 Btu = 1.055 J(약 252 cal)
- 거의 순수 탄소 및 폐기물 속에 존재하던 비활성 물질로 구성된 숯(차르, Char)

④ 기타

2) 처리기술

가. 열분해(Pyrolysis)

① 분해 증류(destructive distillation)

② 나무로부터 목탄을 생산하고 석탄으로부터 코우크 가스(coke gas)를 생산하고 원유찌꺼기로부터 연료가스와 피치(pitch)를 생산하는 산업용 공정

③ 폐기물 원료의 균질성 문제

④ 아주 매력적인 차세대 열적분해기술: 기술개발(: 단위 공정 개선) 중

⑤ 기타

[표] 열분해에 의해 생성되는 물질의 종류

기체: H_2, CH_4, CO, CO_2, NH_3, H_2S, HCN
액체: 식초산, 아세톤, 메타놀, 오일, 타르, 방향성 물질
고체: 차(Char, 순수한 탄소. 북미에서 바베큐용 숯), 불활성 물질

[표] 열분해에 의한 연료 생산량

연료	생산량	열량
가스	510 m^3	6390~10230 J/g
액체($C_4H_9O_3$)	430 L	
Tar	1.9 L	
$(NH_4)_2SO_4$	11 kg	
고형물질(Char)	70 kg	12800~21700 J/g

주) 위 표의 연료를 생산하기 위하여 소요되는 에너지는 2560 J/g이므로 외부로부터 에너지의 주입없이 열분해를 통하여 에너지를 생산할 수 있다는 결론이 얻어짐.

❏ 푸록스(Purox) 시스템

열분해 기술 개발역사상 최초로 거론되는 시스템. 과거 70년대에 열분해가 성행했을 때의 대표적인 시스템. 1970년 New York의 Tarrytown. Union Carbide 사가 개발하였다.

이후, West Virginia, South Charleston에서 180, 310톤/일로 시판될 것으로 결정하고 3단계에 걸쳐 실험을 하였음.

☞ 열분해/가스화 · 용융기술 관련 자료

□ 소각기술의 변천과정

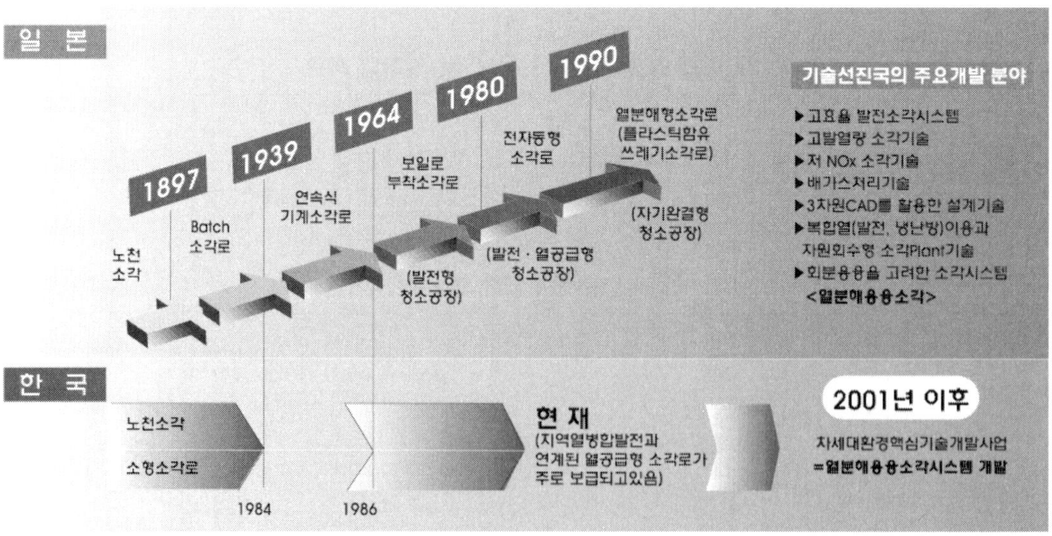

□ 일본의 도입 배경

- 유럽에서 개발되어 일본에 기술이 이전되고 개발을 선도하고 있는 이유는 소각재를 용융 슬래그화 함으로서, 무해화 및 안정화가 높고 감용률도 클 뿐아니라 다이옥신등 법적규제치 달성이 용이하기 때문임.
- '00. 1.15일 이후 신규소각로를 설치하고자 할 때는 소각재중 다이옥신 함량이 3ng-TEQ/g 이상일 때에는 매립을 금지하고 별도 처리를 의무화함에 따라 환경기준의 적합한 시설로 열분해 용융시설이 확대되는 실정임.

※ 우리나라의 폐기물관리법은 바닥재에 대한 중금속농도(일본의 10배)만을 규제하고 다이옥신의 규제는 없음.

□ 기술개요

- 열분해(pyrolisis)란 폐기물을 산소 결핍 상태에서 가열하여 그 내부의 유기물질을 물리 화학적으로 분해하는 것
- 가스화(gasfication)란 탄소, 수소 등을 함유한 고체, 액체의 원료에서 합성용 가스, 공업용 가스 등을 제조하는 반응을 총칭하는 것으로 폐기물 처리에서는 폐기물을 열분해 하여 연료 가스로 만드는 것을 일컬음.
- 기술의 분류: 소각 처리 후 용융, 열분해 · 가스화 용융, 직접 용융하는 방식

□ 국내 열분해/가스화 · 용융시설 적용사례

구 분	지자체명	용량 (톤/일)	사업비 (억원)	사 업 추진방식	비 고 (2006.3월 현재)
가 동 중 (1개)	Pilot Plant	3	–	–	대우건설('02.7~현재)
건 설 중 (4개소)	양산시	200	627	재정사업	포스코건설
	대구 달성	70	325	재정사업	GS건설(매립포함)
	양주시	200	818	민자사업	동부건설
	고양시	300	1,207	재정사업	포스코건설
설계중 (2개소)	은평구	50	180	재정사업	실시설계중(GS건설)
	성남 판교	90	400	재정사업	실시설계중(한라산업개발)
기본계획중 (4개소)	화성시	300	(792)	재정사업	용역중(한맥)
	수도권매립지	200	1,058	재정사업	용역중(경호)
	충주시	100	–	–	용역중(벽산)
	순천시	100	(1,300)	–	용역중(경호)
구상중 (3개소)	시흥시	200	–	–	입지 선정중
	목포시	200	–	–	입지 선정중
	거제시	100			입지 선정중

□ 열분해·용융시설에 대한 입장

[환경부]

- 열분해·용융시설은 유럽에서 개발 상용화되어 일본에 기술이 이전되어 개발이 선도되고 있는 기술이나 설치비용 및 운영비용에 대한 신뢰부족으로 기술도입의 확고한 의지는 미약
- 환경신기술을 대상으로 사업자가 선부담하거나 지방자치단체와 공동선부담 방식으로 시설을 설치하는 경우 환경기술개발 및 지원에 관한 법률 제7조제1항 및 같은법 시행령 제18조제1항의 규정에 의한 환경기술검증을 완료한 후에 국고 지원 입장

[시설업계]

- 환경단체의 요구에 따라 10여개의 지방자치단체가 스토커방식의 소각장보다는 환경오염물질 저감 및 바닥재 미발생 등 이유로 열분해용융시설을 추진하는 현실에서 열분해용융 시장 점유을 위해 치열한 경쟁

□ 장단점

구분	스토커 소각로	열분해 용융 소각로
적용용량	• 중·대용량 생활쓰레기 소각에 적합	• 중·소용량 산업폐기물·생활 및 고발열량쓰레기 소각에 적합
장점	• BULKY WASTE외에는 전처리 불필요 • 소비전력이 적고 운전, 보수관리 용이 • 기술적 완성도가 높음	• 2차 공해오염물질 발생이 적음 (다이옥신 및 분진 등) • 발열량 및 폐기물적용 범위가 넓음. • 바닥재유리화 및 재활용(강열감량 0%)
단점	• 고발열량 플라스틱류의 소각 제한 • 시동/정지 장시간 소요 • 소각가능 쓰레기의 발열량 범위가 제한 • 연소 효율이 다소 낮음 (평면 소각) • 2차 오염물질이 다소 발생 (분진 및 다이옥신) • 슬러지 혼소에 부적합	• 설치비 고가 • 국내 검증미흡

□ 공사비 및 사업비

단위:백만원

구 분	A사	B사	C사	D사	비고
공사비	51,000	45,372	56,067	56,335	
사업비	66,920	71,929	73,623	72,515	

※ 공사비 및 사업비는 200ton/일규모의 00시 참가업체의 제시금액임

□ 운영비 및 운영수익

단위: 백만원

구 분		A사	B사	C사	D사	비고
고정비	인건비	966,838	825,052	743,117	930,000	
	관리비	145,094	247,460	184,177	390,033	
	소 계	1,111,932	1,072,512	927,294	1,320,033	
변동비	전력비	97,200	97,680	6,845	185,308	
	연료비	254,928	72,066	34,352	14,414	
	용수비	90,487	44,068	29,224	63,106	
	코크스			584,064		
	석회석			33,667		
	약품비	556,453	219,189	155,835	631,371	
	재처리비	160,629	55,872	23,518	240,160	
	측정검사료	65,041	65,041	65,041	65,041	
	유지관리비	106,567	259,268	61,796	89,950	
	기 타		11,876			
	소 계	1,331,305	825,060	994,344	1,289,350	
	계	2,443,237	1,897,572	1,921,639	2,609,383	
운영수익	잉여전력판매	333,043	1,105,440	1,345,881	1,169,280	
	계	333,043	1,105,440	1,345,881	1,169,280	
순익포함운영비		2,110,194	792,132	575,758	1,440,103	

※ 운영비는 200 ton/일규모의 00시 참가업체의 제시금액임

□ 국내기술개발 현황

- 열분해 기술 개발

 ⇒ 1980년대 후반: 건류 소각로 개발

- 용융 기술 개발

 ⇒ 1999년: Slag Melt Process(Plasma) 개발(20톤/일), 삼성중공업(주)

2000년: 소각재/슬러지 용융로 개발(1톤/일), 기계연-KB Entec

- 열분해/용융 기술 개발

⇒ 1999년: 산업폐기물 열분해용융 개발(100 kg/h), 기계연-고려소각로공업(주)

- Eco-Technopia 21 열분해/용융 기술 개발

⇒ 하수슬러지의 Hybrid 유동층 열분해/용융소각시스템 개발, 한국에너지기술연구원

폐기물의 열분해/용융처리 자원화 공정 개발, (주) 씨엔지엔테크

브라운 가스를 이용한 새로운 개념의 용융 시스템 개발, (주)이엔이

- 샤프트형 직접 용융소각 공정 기술 개발

⇒ 연구기관: 포항산업과학연구원-(주)자원리싸이클링연구소

※ 생활폐기물 10톤/일 처리 Pilot plant 설계 및 조업기술 개발

- 생활폐기물 열분해 용융 시스템 개발

⇒ 연구기관: 한국기계연구원-(주)대우건설-한라산업개발(주)

※ 생활폐기물(5톤/일) 처리 Pilot plant 개발 및 실플랜트 설계 기술 개발

- 환경신기술지정/검증 현황(환경부-환경관리공단)

⇒ 환경신기술지정서(제59호, 2003.1.15): (주)대우건설

유동제어판을 이용한 건조하수슬러지 선회용융기술

⇒ 환경기술검증서(제41호, 2001.11.16): (주)컨텍오파스

- 역삼각형 연소실 및 이중 연소공기공급 노즐을 이용한 생활폐기물 열분해소각기술

⇒ 환경기술검증서/환경신기술지정서(각 제2호, 2001.1.30): 대경크리코(주)

- 하향통풍식 화염건류실을 설치한 이동화상식 소각로

□ 일본의 열분해가스화 용융기술 개발 현황

열분해 방식	소각플랜트 업체	열분해가스화 용융방식	개발현황
유동상식	(1) 荏原제작소	선회유동상+선회용융로	450t/일=225t/일×2기 (青森RER社, 플라스틱쓰레기 등, 17.8MW)
	(2) 川崎중공업	유동상+CPC(부분연소로)	30t/일(千葉縣 에리가우라市)
	(3) 神戶제강소	유동상+선회용융로	30t/일(青森縣 · 중부上北) 60t/일(上北청소센터)
	(4) 日立조선	유동상+선회용융로	33t/일(岐阜縣내)
	(5) 일본가이시	유동상+선회용융로	25t/일(岐阜縣내)
	(6) 三菱중공업	유동상가스화로+연소로 +입형선회용융로	20t/일(三菱重工業 金澤공장)
	(7) 밥콕 日立	유동상+선회용융로	10t/일(히로시마현)
	(8) 栗本철공	유동상+선회용융로	10t/일(静岡縣掛川市)
	(9) 三機공업		(8)~(11)공동실험
	(10) 도레이엔지니어링		
	(11) 유니티카		
	(12) 住友중기계공업	순환유동층+로타리킬른	20t/일(자사공장내)
	(13) 月島기계	유동상+선회용융로	20t/일(토치키縣)
간접가열 킬른식	(14) 三井조선	지멘스방식	110t/일×2(福岡縣 · 八女서부) 200t/일×2(豊橋市)
	(15) 타쿠마	지멘스방식을 개량	90t/일(민간, 態本縣내)
	(16) IHI +(17)쿠보다	킬른+회전식표면용융로	20t/일(IHI공장내 공동실험)
직접가열 킬른식	(18) 東芝	PKA방식(PKA社)	4.6t/일(요코하마시)
	(19) 일본가이시	노엘방식(Noell社)	독일에 실제시설
	(20) 日立제작소	킬른형 가스화로+용융로	20t/일( )
	(21) 바브콕日立		(20)~(21) 공동 실험
Pusher식	(22) 川崎제철	Thermoselect 방식 (Thermoselect 社)	150t/일(千葉市 자사공장내)
스토커식	(23) 日立조선	Von Roll방식(Von Roll社)	독일에 실증시설
입형방식	(24)일본강관	샤프트로 (코크스, 석회석, 산소)	64t/일 3기 (各務原市)
	(25)신일본제철	샤프트로 (코크스, 석회석, 산소)	150t/일 2기 (茨木市)
	(26)住友금속	샤프트로 (산소)	20t/일 (茨城縣)
	(27)川崎기연	샤프트로 (산소/Purox)	24t/일 (尾張東部組合)
	(28)千代田화공건설	샤프트로 (산소/Purox)	75t/일 건설중(秩父市)
	(29)日立금속	샤프트로 (플라즈마/Retech)	24t/일 (群馬縣)

□ 유럽의 열분해 용융기술 개발 현황

열분해 방식	플랜트 업체	기술 제휴처	용융방식	실 적
Pusher 로형	Thermo-Select社 (독일)	대우 건설, 川崎 제철	열분해가스화 용융방식	① 100 t/일 실증플랜트(북이탈리아 폰토도체) ② 720 t/일 칼스루헤(독일) 1999년 1월 준공 ③ 300 t/일 안스바흐(독일) 2001년 준공예정 ④ 500 t/일 기비아스코(스위스) 2002년 준공예정
	Von Roll (스위스)	日立 조선	Duotherm 방식	① 144 t/일 실증플랜트(독일) 1997년 준공
스토커로형	PKA社 (독일) PKA Japan	한라산업개발, 東芝	열분해 · 용융 가스화 시스템	① 15 t/일 실제시설(산업폐기물)(독일) ② 60 t/일 실제시설(도시쓰레기)(독일) ③ 쓰레기 발전 가능시설 12년간 가동중(독일)
	Noell社 (독일)	일본 가이시	Noell방식	① 12 t/일 실증플랜트 ② 120 t/일 산업폐기물(독일) 1999년 준공 ③ 750 t/일 가스교환용(독일) 130 MWh 발전
로타리 킬른형	지맨스社 (독일)	이테크, 三井 조선	열분해 · 연소용융 공정	① 잔 실증플랜트(스위스) ② 480 t/일 필트市(독일) ③ 20 t/일 실증플랜트(일본) ④ 110 t/일×2기 八女서부 광역사무조합(福岡縣)

4. 퇴비화(composting)

- 제한된 조건아래에서 이루어지는 미생물에 의한 유기물의 호기적 또는 산소요구성 분해
  - 1930년경, 영국인 A. Howard 경이 옥내공정(indoor process)을 개발
  - 미 농무부 BARCS(Beltsville Aerated Rapid Composting System)
  - Ohio주 PS(aygro System)/RS(Rutgers System)

(1) 개요

- 분류

  퇴비단식(Windrow System)

  기계식(In-Vessel System): 사일로

- 핵심 공정(그림 참조)

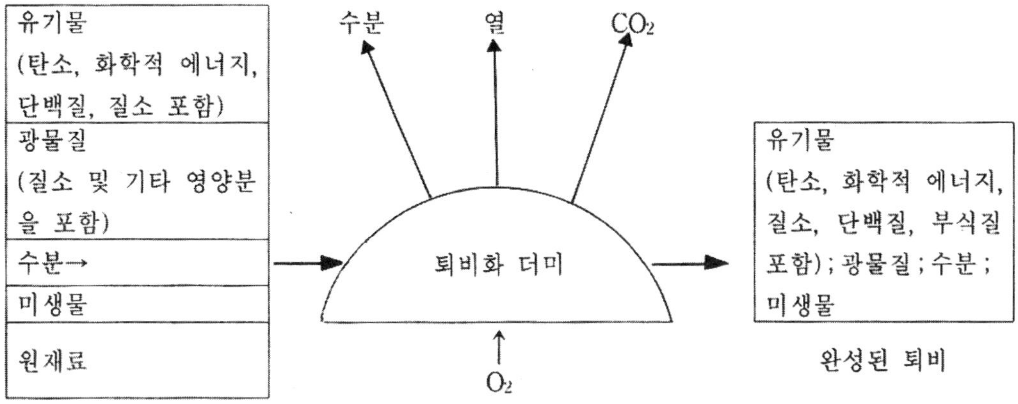

[그림] 퇴비화 과정

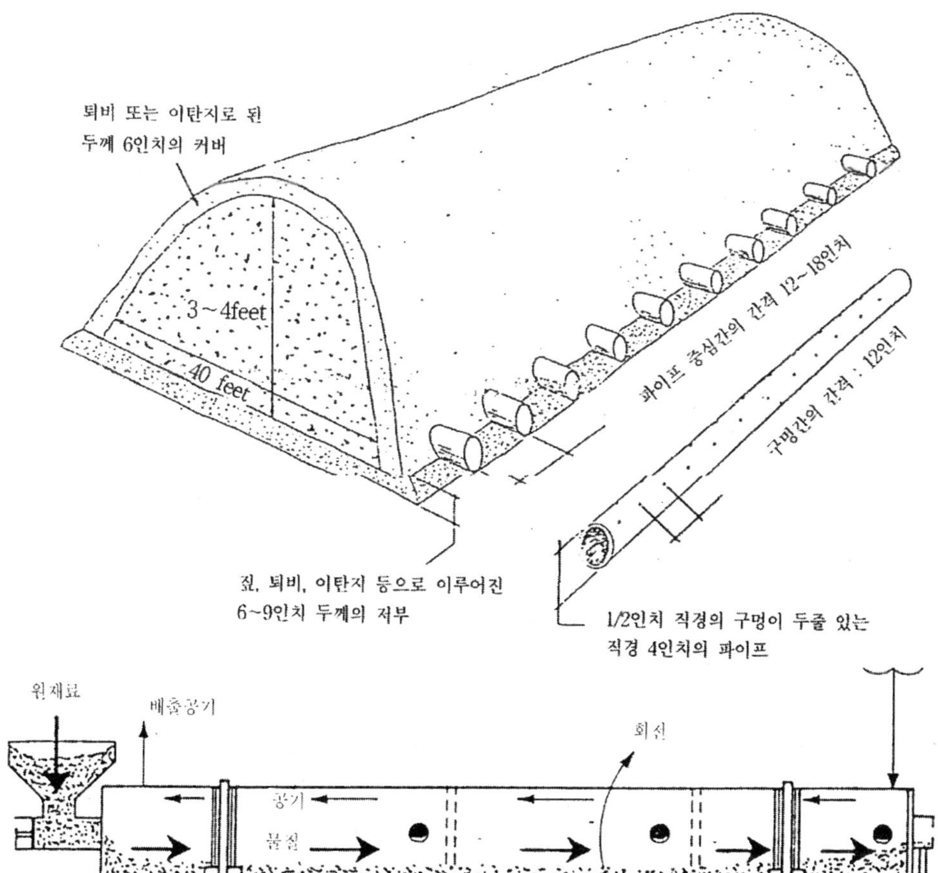

[그림] 윈드로식과 기계식 퇴비화 장치

◎ 도시 유기성 쓰레기의 경우 퇴비단식은 약 2주 소요되고 기계식은 2~3일 소요됨.

(1) 일반 이론

① 뒷뜰(backyard)에서 이루어져 왔던 자연적 공정

② 유용한 토질 증강제(useful soil conditioner)

③ 퇴비단식(windrows style)과 기계식(mechanical style)

❶ 중온 소화의 유사: 유기산염으로 만드는 부속화(curing)

- 호기성, 임의성, 혐기성 세균의 생화학적 작용(촉매산화)
- 중온성 세균(mesophilic bacteria)의 활동
- 기타

❷ 사일로(siro): 컨베이어 체계

❸ 기타

④ 퇴비화 반응식

복합 유기물 + O_2 ⟶ $CO_2 + H_2O + NO_3^- + SO_4^{2-}$ + 부피가 줄어든 복합 유기물 + 열

❶ Johnson City의 경우 70℃까지 올라간 경우가 있음

❷ 출현하는 M/O/미소 동물들

중온친화 세균(mesophilic bacteria) → 방선균(放線菌, actinomycetes) → 고온친화균류(thermophilic fungi) → 원생동물류(protozoans) → 선충류(nematodes: 회충, 요충, 십이지장충 등)→노래기(milipedes: 절지동물의 총칭)→벌레(worm)

❸ 출현했던 M/O, 미소 동물들의 죽은 사체/생체들의 함유 농도는 약 25% 이상

❹ 많은 병원균/선충류(線蟲類)의 사멸

Ascaris eggs(아스카리스 난자), *Endoamaeba historica cysts*(앤드아메바 히스토리카 포자체) 같은 기생충의 사멸

• 캘리포니아 주립대학교 버클리 캠퍼스 위생공학 연구실 Clarence Golueke 교수의 연구결과: 모든 생화학 전환 공정은 두 단계로 나뉘어 이루어지는데 복합적 세포체가 보다 단순한 구조로의 분해(decomposition), 새로운 세포체로의 합성이 그것이며 첫 번째 단계에서 질소성분이 가동적이지 못할 경우 첫 번째 공정은 full extent 까지 진행된다. 두 번째 단계는 질소 성분이 충분할 경우 진행된 결과이다.

(2) 영향 인자

① 산소와 통기

혐기성 분해로 진행되지 않고, 열/수증기/퇴비 물질내 가스를 제거하기 위해 수행

실제 열을 제거하는데 필요한 통기율이 산소공급율에 10배에 이를 수 있음. 따라서 온도에 따라 통기를 얼마나 많이 그리고 얼마나 자주 해 줄 것인가를 결정해야 함.

② 탄질비(C/N ratio): 질량비로 35~40: 1이 일반적인 비율

③ pH: 중성부근

④ 수분

- 약 40% 이상이 미만일 경우 미생물 활동이 느리게 이루어짐.
- 수분함량이 65% 이상일 경우 물이 퇴화 물질의 공극내 공간 부피의 대부분을 차지. 이것은 공기 흐름을 방해하여 혐기성 상태로 유도.

⑤ 다공성, 구조, 구성, 입자크기

- 팽화제(bulking agent): 통기율을 증가시키기 위하여 첨가하는 제재
- 구조(structure): 퇴비더미 침하와 다짐 작용에 견딜 수 있는 능력
- 구성(texture): 미생물이 활동 할 수 있는 표면의 특성(호기성 유지)

  입자크기: 1/8~2 inch가 적당

⑥ 온도: 110~150°F(임계온도: 63℃[145°F])

(3) 대표적 퇴비화 기술 종류

① 발효 퇴비화(fermentation composting)

미생물 제제를 사용하여 발효시켜 퇴비물질 생산을 촉진시키는 것. 미생물의 효소촉매작용을 이용

② 지렁이 퇴비화(vermicomposting)

찰스 다윈(Charles Darwin)이 1881년 환형(環形) 동물군(動物群) 빈모강(貧毛綱)에 속하는 지렁이(earth worm)가 땅속의 식물체를 분해하여 분변토(糞便土, cast)를 생산하는 생물적 본능에 대한 논문을 발표한 이후, 호주를 비롯한 여러 나라가 목초지나 간척지에 지렁이를 이식하여 토양을 개량하고 농업생산력을 증대시키는 사업을 한 것이 지렁이 퇴비화 기술이용의 효시가 된

다. 최근부터는 주로 지렁이의 축산분뇨 분해와 분변토생산에 대한 연구에 집중되어 왔고 지난 1980년대부터는 주로 유기성 슬러지의 분해에 대한 연구와 지렁이 성충의 영양가치 그리고 분변토성분에 대한 연구에 환경공학자들의 노력이 집중되어 오고 있다.

가. 지렁이 생리와 기술의 적용성

지렁이 퇴비화 기술은 지렁이의 생리에 바탕을 두고 있다.

지렁이는 물속이나 습도가 높은 장소에 서식한다. 그리고 지렁이는 대체적으로 자신의 몸무게의 반 정도 되는 부패중인 채소나 과일 그리고 연한 조직의 단백질, 지방 식품 등의 유기성 쓰레기를 하루에 섭취하고 섭취한 양의 70% 정도를 분변토로 생산한다. 이런 점에서 지렁이 퇴비화는 습윤도가 80~90%에 이르는 우리나라 음식쓰레기의 처리에 훌륭한 기술방안이 되고 있다. 그리고 그동안 전 세계에서 수행된 지렁이 퇴비화 결과를 놓고 볼 때 지렁이는 pH가 4.5에 이르는 음식쓰레기 슬러리(slurry)도 말끔히 먹어 치우므로 우리나라 음식쓰레기의 pH 조건(pH 4.74~5.23)은 지렁이 퇴비화에 그다지 큰 문제가 되지 아니한다. 더군다나 암수의 생식기를 함께 갖고 있는 지렁이는 거의 1년 내내 산란하며 그 번식력이 아주 우수하다.

나. 지렁이와 분변토의 유가성

한때, 지렁이가 우리나라에서 이른바 토룡탕(土龍湯)이라는 이름으로 남성들의 정력식품으로 널리 이용되어 온 사실도 있는 바와 같이 지렁이 대장(intestines)내에는 호르몬이 내재되어 있다. 뿐만 아니라 전 세계적으로 지렁이 성충은 가금산업(poultry industry)에 있어서 사료로 널리 사용되고 있을 정도로 영양가로서 중요성이 속속들이 확인되고 있다.

분변토는 주로, 퇴비로의 효용가치가 전 세계적으로 널리 알려 져 있는데 분변토에는 기존의 비료성분인 N, P_2O_5, K_2O 외에도 탄소, 아민산(amine acid), 유기물 등이 함유되어 있어서 식물체 성장에 크게 기여하고 흡취효과가 있어서 지렁이 퇴비화 기간 중에 발생하는 악취를 효과적으로 탈취시킨다.

③ 액상 비료화(액비화)(liquidcomposting)

음식쓰레기 및 축산분뇨 등의 처리에 현재 강력하게 등장하는 차세대 기술.

Lactobacillus plantarum(유산균), *Saccharomyces cerevisiac*, 효모 등으로 이루어진 분말 생균제를 음식쓰레기 및 축산분뇨 등에 살포 → 탈취 및 액상비료화

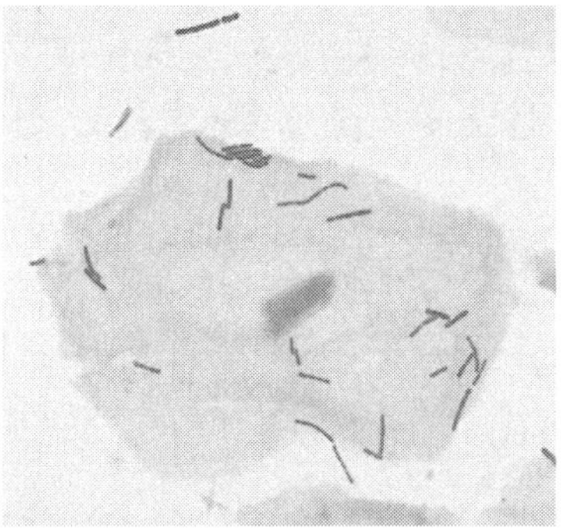

[참고자료]

열분해 방법을 이용한 산업폐기물 용융처리 장치 개발 제안서

1. 문제제기 (연구목적 및 필요성)

가. 환경기술적 또는 사회경제적 문제

그간 우리 대한민국도 OECD의 선진국 대열에 가입이 되어 많은 경제 성장을 이룩하였다. 이에 따라 경제 발전에 필수적으로 요구되는 것은 ENERGY의 효율성이 중요하다.

그러나 안타깝게도 ENERGY 자원의 기본이 되는 원유는 100% 수입에 의존할 뿐만 아니라, L.P.G나 L.N.G 역시 100% 수입을 하고 있다. 석탄 역시 국내 사정으로 보아서 폐광이 되는 숫자가 날로 늘어가고 있어 대체 에너지 자원화의 공급이 필요한 실정이다.

또한 현 우리나라의 실정은 가용국토면적이 제한된 현실임에도 불구하고 많은 폐기물을 매립하고 있다. 특히 난연성 폐기물인 PCB, 폐합성수지, 폐유 등 대부분이 매립과 해외에 반출하고 있다. 이런 상황 속에서도 대부분의 시민들 소각처리라는 부정적인 선입견으로 인해 고효율의 우수한 기술임에도 불구하고 사회의 구조적인 문제로 다양한 기술들이 그대로 묻혀버리는 경향이 많은 것이 사실이다.

따라서 환경기술적이나 사회경제적으로 중요한 의미를 가지고 있다.

나. 연구목적 및 필요성

위의 문제점을 가장 효율적이고 적합하게 해결할 수 있는 부분, 즉 현재 국책과제의 하나인 대체에너지 기술개발 사업이란 중소기업의 실수요자들이 가장 정확하게 기술인증을 받을 수 있는 정책으로써 환경친화적인 열분해 소각기술의 도입이 필요하다. 신기술을 이용한 ENERGY 생산 및 효율화가 높은 폐기물 처리기술은 이미 선진 외국에서는 폐기물로부터 열분해 과정을 거쳐 생산된 ENERGY를 화력발전소의 연료원으로 사용을 하고 있는 것은 검증된 사실이다.

이는 버려지는 폐기물을 가지고 산업의 원동력이 될 수 있는 자원을 개발함으로써 일석이조의 혜택이 되기 때문에 폐기물처리에 일익을 담당할 수 있으며, 동시에 폐수의 유출수로 인한 지하수 오염 방지를 할 수 있다.

폐기물 처리로 인한 매립지 부족 해결 및 소각법 보편화를 이끌어낼 수 있다.

다. 해결하고자 하는 연구과제

소각법은 DIOXIN류나 아황산가스 등의 대기오염 물질 방출 우려를 나타내고 있지만, 열분해

법은 폐기물의 성상이나 발열량에 관계없이 일괄처리 가능하다(특히 난연성 산업 폐기물).

- 열분해법은 다이옥신류 등의 대기오염 물질 방출 우려에서 자유롭게 해줄 수 있다.
- 열분해 시설의 설치 및 운영 관리 기술 축적
- 열분해 가스는 공정상 필요한 에너지원으로 재활용
- 열분해 생성물의 에너지화
- 석탄의 에너지화, 탄화수소의 에너지화

2. 국내외 연구사례 및 연구동향

가. 국외 연구사례 및 동향

스위스 Thermoselect사에서 개발한 Thermoselect법은 고형 폐기물을 1차 압축단계에서 1,000톤의 고압프레스를 이용, 압축하여 체적을 줄이고 밀도를 높이면서 동시에 함유 공기를 제거하여 부피를 1/5로 줄이며, 액체 성분을 분산시켜 보다 균질한 상태로 만들므로 용융로로 진입되었을 때 열전달율을 향상시킨다. 이 압축된 덩어리는 열분해 및 가스 추출을 위해 고정식 드럼형태의 열분해 반응기에 공급되어 600~800℃의 온도범위에서 간접열분해된다. 생성물은 샤프트형 용융로로 장입되어 하부에서는 LNG보조 버너를 이용하여 무기물을 용융시키며, 상부에서는 유기물을 가스화시켜 개질되니 합성 가스를 제조하는 시스템으로서 열분해로의 출구온도는 약 800℃이고, 용융로의 하부 용융대는 2,000℃이며, 상부 가스화대는 1,200℃를 유지한다. 본 장치는 원료의 회수율이 높고 다양한 종류의 폐기물 처리에도 신뢰성을 가지며, 고효율의 에너지회수가 가능한 등의 장점을 가지며, 다이옥신 배출량의 경우 환경기준치(0.1 ng/Nm^3)의 1/50 수준인 0.002 ng/Nm^3 이하로 제어가 가능한 것으로 보고되고 있다. 본 공정은 1991.03~1999.12까지 100 t/d 1기가 이태리 Fondotoce에 건설되어 실험이 진행된 바 있다. 현재도 1999년 8월부터 독일 Karlsruhe에 240 t/d 3기가, 일본 Chiba현에 150 t/d 2기가 가동 중에 있으며 추가적으로 여러 설비의 건설이 계획되고 있다.

독일 Siemens사의 Schwel-Brenn법은 회전식 로타리킬른의 열분해장치와 수직형 연소분무용융로로 구성된다. 로타리킬른은 내부에 전열관을 설치, 약 450°C의 온도를 유지시켜 폐기물을 간접열분해하고, 열분해생성물은 용융로로 진입하여 공기를 취입 연소시켜 1,300°C를 유지하므로 회분의 용융을 유도하는 시스템이다. 본 설비 역시 다양한 폐기물의 적용이 가능하고 소각재의 안정화 처리에 의한 슬래그를 재활용할 수 있는 등 장점을 가지고 있다. 긴 개발기간을 거쳐 1996년 독일 Fuerth에 1기를 건설, 성공적으로 조업을 수행한 바 있으며 가스방출사고 및 폐기물 발생저감으로 1999년 조업을 중단하기까지 공정특성을 확인한 바 있다. 그후 일본의 Mitsui Zosen에 기술이전하여 1991년 20톤/일, 1999년 24톤/일 실증설비를 건설 실험한 바 있으며, 2000년 3월 일본 Yame시에 110톤/일 2기를 건설 가동중에 있으며, Processaud은 R-21 열분해 용융소각로라 명명하였다.

일본은 1990년대에 접어들면서 다이옥신 문제를 비롯한 환경문제에 대한 관심이 높아지게 되었다. 당시 제철사들이 통산선의 지원을 받아 개발중이던 신제철기술로서 용융환원제철법에 대한 기술개발 경험을 활용하면서 환경어오염원의 발생이 가장 적을 것으로 평가되는 용융소각공정에 기반을 둔 폐기물처리 재자원화 기술의 실용화 연구를 국가 프로젝트로서 산업기술총합개발기구(NEDO)와 금속계 재료연구개발센터(JBCM)에서 제안하게 되었다.

나. 국내

A 대학과 S사에서 하수 슬러지의 열분해시설에 대한 PILOT PLANT 연구 수행되었음

K 연구소에서 폐플라스틱 1 TON을 열분해, 1,000리터의 오일 추출 공정 개발보고 하였다.

K 건설사 THERMOSELECT사와 기술제휴 등이 있으나 외국에 비해 미비한 실정이다.

3. 당해 연도 연구목표 및 내용

1) 전처리 공정을 위한 개발

기존의 소각방식이 가장 큰 문제는 여러 폐기물이 혼합된 불균일한 쓰레기를 한꺼번에 소각하면서 연소 조건이 불안정하다. 열분해는 저질 연료인 쓰레기를 무리하게 소각하는 것보다 열분해 과정을 통하여 쓰레기를 물성이 유사한 기체, 액체, 고체로 분리하는 것이다. 쓰레기 처리에 있어서 보다 과학적인 접근을 시도한 것으로 안정적 처리에 있어 일본 진보된 방식이다.

모든 폐기물은 파쇄, 선별, 건조의 전처리 과정을 거치면서 종류별, 구성 요소별, 성상별로 구분하여 조사한다.

2) 열분해 처리공정

열분해가 일어날 때 발생하는 화학반응은 열분해를 하기 위해 투입되는 유입물질의 화학적 조성과 수분량 그리고 열분해 반응기의 종류, 열분해 온도 . 반응지속 시간(체류시간) 등에 의해 영향을 받는다.

온도(℃)	화학반응
100-200	열적 건조, 물의 증발
200	환원, 탈황, CO_2 CO, -COOH의 분해, H_2S의 분해, 셀루로즈의 분해
340	지방족의 결합물질의 분해, CH_4의 분해
380	탄화 단계
400	유기물질의 주요 단계 전형적 유기 유해 물질인 H_2S. HCl, HCN, NH_4 결합물질이 분해되기 시작함 C-O결합과 C-N 결합의 분해
480	열적으로 안정한 합성물질 잔여물의 분해
600 이상	벤젠과 고 방향족 결합물질로 열적 방향족화 무기 탄산염의 탈 탄화 시작함

열분해 온도와 반응 지속시간이 증가하면 할수록 반응생성물 조성이 비교적 안정한 방향으로 전개된다.

열분해에 의한 휘발성 물질은 150~900℃의 온도범위에서 생성되어지며, 고탄화수소 결합은 저탄화수소 결합물질로 분해되고 긴 사슬형 분자는 짧은 사슬형 분자로 분해되어진다.

이러한 단계를 열분해 탈가스화 또는 건조증류라고 한다. 열분해가 일어날 때 온도에 따라 일반적으로 다음과 같이 구분한다.

500℃ 이하의 반응온도 일때	저온 열분해(저온 탈가스화)
500~800℃의 반응온도 일때	중온 열분해(중온 탈가스화)
800℃ 이상의 반응온도 일 때	고온 열분해 (고온 탈가스화)

4. 기술 · 사회 · 경제적 기대효과

- 위의 열분해 처리과정으로 공정을 효율화하여 처리비용을 30% 이상 절감한다.
- 반응 생성물에 대한 처리방법은 폐기물의 성상이나 발열량에 관계없이 일괄 처리할 수 있는 열분해 시설의 국산화 실현 다양한 폐기물의 일괄 처리 체계 확보
- 처리시설로 인한 2차적 환경오염이 없는 폐기물 처리 시설의 확보로 폐기물의 안정적 처리 기대
- 열분해 후 생성물의 최대 에너지화 기술 축적

사회적으론 현재 발생되는 폐기물을 매립(현재 약 90%)에만 의존하여 처분하고 있는 상황에서 가연성 도시 쓰레기는 당사의 열분해소각방식에 의해 연속적 처리를 함으로써 쓰레기 매립량의 최소화를 기대할 수 있고 국토의 효율적 이용에 거시적으로 대처할 수 있다. 환경오염 방지와 생활환경 개선하고 기존 도시쓰레기의 대부분을 매립에 의존함으로써 수질 및 대기오염 등의 요인이 되고 있으며 매립장에서 서식하는 해충(파리, 모기 등)으로부터 전염병을 유발하여 국민보건위생에도 악영향을 미치고 있는 실정인바 폐사의 열분해소각 시설로 처리함으로서 쓰레기 분진비산 및 악취 발생 등 환경오염방지를 할 수 있다.

경제적으론 국내에선 각 지방자치단체 지역의 수요와 타이어 제조회사 폐타이어 처리 및 재활용 조미료 제조회사 화합물 재료를 이용하고 남은 슬러지, 전력, 전기콘덴서 변압기 등에 사용되는 PCB. PCNB 처리. PVC 유기염소계 제조업체 제품을 만들고 남은 폐 파이프 및 플라스틱 원료 농약제조를 위해 클로로페놀을 원료로 하는 화합물 취급업체 각종 지정 폐기물 위탁 회사의 시장을 개척할 수 있다.

9.5 신기술 소개

분류	내용
신청구분	신기술인증
진행현황	접수 진행중 → 접수 완료 → 공고 진행중 → 공고완료 → 신청서검토 → 평가등록비 안내 → 평가등록비납부완료 → 현장조사 준비중 → 현장조사 완료 → 서류심사 준비중 → 인증서 발급완료
신청자	(주) 모악환경산업
사업자번호	405-81-08147
대표자	이준호
담당자명	
담당자부서	
담당자직위	
E-Mail	
전화번호	
FAX번호	
시설소재지	전라북도 김제시 연정동 487-1
기술분야	건설폐기물처리
기술명	폐 고무 컨베이어벨트를 재활용한 미세타공 회전분리장치의 순환굵은골재 이물질 제거기술
기술내용	본 신청 기술은 혼합 건설 폐기물을 중간 처리하는 공정에서 순환 굵은 골재를 세척하는 세척조에 원심 수차를 설치하여 회전 구동시킴으로써 순환 굵은 골재에 포함되어 있는 폐목재 및 비닐류 등 물보다 가벼운 비중을 갖는 이물질을 효과적으로 제거하는 방법임. 회전차는 모두 5개의 날개차(패들)로 구성되며, 이물질에 의한 막힘을 방지하고 회전을 원활하게 하기 위하여 미세타공된 패들이 반복하여 회전되고각 날개차에 대해 높이가 다른 이중 고무 블레이드가 장착됨.
신기술범위	수차의 회전에 의해 발생하는 원심력을 이용하여, 비중차에 의해 수조 위에 뜬 건설폐기물을 효과적으로 분리, 이송해내는 제반 기술: 폐고무 컨베이어 벨트를 재활용한 고무 블레이드와 미세하게 타 공된 패들로 이물질에 의한 막힘을 방지함.

분류	내용
신청구분	신기술인증
진행현황	접수 진행중 → 접수 완료 → 공고 진행중 → 공고완료 → 신청서검토 → 평가등록비 안내 → 평가등록비납부완료 → 현장조사 준비중 → 현장조사 완료 → 서류심사 준비중 → 서류심사 완료 → 인증서 발급완료
신청자	미래에이티(주)
사업자번호	126-81-37899
대표자	이인섭
담당자명	이인섭
담당자부서	총괄
담당자직위	대표이사
E-Mail	dseeco21@hanmail.net
전화번호	031-762-2791
FAX번호	031-764-2759
시설소재지	완도군 고금면 생활쓰레기 소각장내, 사업장폐기물용(고농도의 염화수소 발생) 반건식 시스템 후단에 사용하는 물액적을 제거하는 습식스크러버: 경기도 광주식 실촌읍 열미리 440번지(주)에 코그린내
기술분야	유해가스
기술명	단열팽창발생 및 물액적을 제거하는 습식스크러버/백필터를 이용한 소각가스 제거기술
기술내용	단열팽창 발생 및 물액적을 제거하는 습식스크러버/백필터 시스템을 이용하여 소각가스(먼지, 산성가스, 다이옥신, 수분, 백연)를 냉각과 동시에 제거하는 기술이며, 기존 소각시설용 방지시설인 반건식시스템 후단에 습식스크러버를 설치하여도 다이옥신이 증가하지 않는 새로운 기술이다.
신기술범위	◦배치식 소각시설에 다이옥신 저감시설인 백필터를 사용할 수 있는 기술. ◦소각시설의 기존 방지시설인 반건식시스템 후단에 습식스크러버를 설치하여도 다이옥신이 증가하지 않는 기술 ◦새로운 방식의 습식스크러버는 소각시설에서 발생되어 육안으로 확인할 수 있는 수증기에 의한 백연 및 유증기 등에 의한 백연을 동시에 제거할 수 있는 기술

분류	내용
신청구분	신기술인증
진행현황	접수 진행중 → 접수 완료 → 공고 진행중 → 공고완료 → 신청서검토 → 평가등록비 안내 → 평가등록비납부완료 → 현장조사 준비중 → 현장조사 완료 → 서류심사 준비중 → 서류심사 완료 → 인증서발급 완료
신청자	토방토건(주)
사업자번호	12-81-44584
대표자	유병서
담당자명	이홍윤
담당자부서	기술개발부
담당자직위	이사
E-Mail	icando64@hanmail.net
전화번호	032-568-2365
FAX번호	032-568-2368
시설소재지	인천시 서구 백석동 58번지 수도권매립지내
기술분야	기타
기술명	수직포집시설과 매니폴더 시스템을 이용한 매립가스의 안정적 포집기술
기술내용	매립된 폐기물에서 발생되는 매립가스를 시공 효율성이 개선된 수직포집시설과 압력 조절용 밸브(Valve)가 있는 매니폴더(Manifolder) System를 적용 매립장 내부 균등 포집압력 유지로 단위 매립가스 포집효율 증가와 동시에 양질의 안정적 메탄(CH_4)가스를 포집시켜 매립가스를 에너지원으로서 활용가치를 높이는 기술
신기술범위	◦매립지 단별로 매립가스를 포집하는 기존의 수평포집방식에서 균등 포집압력 유지가 가능한 수직포집방식을 채택하여 매립가스 포집의 효율성을 높이는 기술 ◦매립가스 수직포집시설은 분리형 오거(Auger) 시공방식으로 시공의 효율성을 높이고, 매립 작업중에 설치 및 운영이 가능하여 매립작업중인 매립장에서도 매립가스 포집이 가능하며 유지관리의 효율성을 높이는 기술 ◦매립장 전체에 균등 배치한 각각의 수직포집시설에 균등 압력전달과 유량을 제어시켜 효율적 관리를 위한 인력 및 시간을 절감시키는 동시에 양질의 매립가스를 포집하는 기술

CHAPTER 10
소음 및 진동

사람은 소리(sound)와 진동(vibration)의 물리적 현상을 감지할 수 있는 능력을 지니고 있다. 소리와 진동의 현상이 청각기관과 말초신경을 통하여 인체에 전달되는데 인체가 수용할 수 있는 소리와 진동의 크기를 초과하는 환경에 사람이 노출되면 대다수 사람들에게는 많은 질병이 나타나게 된다. 소리를 듣는다는 것은 음 에너지에 의한 공기 등의 매질의 압력변화가 귀 고막에 가해져 이를 진동시켜서 뇌에서 감각하는 기능을 뜻하고 진동을 느낀다는 것은 공기 등의 매질 압력변화가 전신을 통하여 뇌에서 감각되는 기능을 뜻한다.

파동 동역학(wave dynamics) 관점에서 강한 소음 및 진동이 인체에 도달하게 되는 경로가 추적된다. 파동(wave motion)이란 매질의 운동에너지와 위치에너지의 교반작용으로 이루어지는 에너지 전달이고 에너지 전달은 음파(sound wave) 등의 파동(wave motion)에 의한 것이다.

10.1 소음

1) 소음의 정의

"원하지 않는 소리. 물리적 성질은 음(sound)과 동일하다."

• 소음 · 진동관리법

제2조(정의) 이 법에서 사용하는 용어의 뜻은 다음과 같다.〈개정 2009.6.9〉

1. '소음(騷音)'이란 기계 · 기구 · 시설, 그 밖의 물체의 사용 또는 환경부령으로 정하는 사람의 활동으로 인하여 발생하는 강한 소리를 말한다.

2) 소음의 종류

(1) 연속음: 1초에 1회 이상 단속음이 반복되는 음

(2) 단속음: 발생되는 소음의 반복음이 1초보다 간격이 클때의 음

(3) 충격음: 일시에 나타나는 축격적인 음으로서 최대 음압수준이 129 dB 이상인 소음이 1초 이상의 간격으로 발생하는 것

3) 음의 물리적 성질

(1) 음압: 음 진폭의 최대치와 최소치를 평균한 것.

(2) 주파수: 단위시간 동안에 발생하는 압력파동의 회수

예) 코끼리는 지네들끼리 통신

(3) 음속: 기압과 공기밀도에 따라 변하는 공기중 소리속도

(4) 주기: 압력파동이 1주기를 도는데 소요되는 시간

(5) 파장: 1주기 동안에 음압이 전파된 거리.

4) 소음의 수준 표시

소음이란 수음자의 주관적인 느낌이어서 어떤 것이 소음인지 판단하기가 상당히 곤란한 경우가 많다. 건강한 사람들에게는 소음이 아닌 반면 영유아나 심신이 피로하고 병약한 자들에게는 소음이 되는 경우가 많다. 예를 들어 옆집에서 들려오는 슈베르트의 숭어 피아노 연주곡이 어떤 사람들에게는 상당히 듣기 좋은 곡이 될 수 있는 반면 어떤 사람들에게는 듣기 싫은 소리에 불과하기도 한다. 그러므로 건강한 사람을 소음 환경에 폭로시켰을 경우 보편적으로 나타나는 반응을 참고로 하여 소음인지 아닌지를 구별하고 위해성 정도를 구분하여 환경기준과 배출허용 기준을 설정하는데 이때 사용되는 단위가 음 세기도(SIL, sound intensive level, 이하 SIL)와 음 압력도(SPL, sound pressure level, 이하 SPL), 음향 파워도(PWL, sound power level, 이하 PWL)이고 단위는 데시벨(dB)이다.

(1) SIL(sound intensity level)

음의 세기도이다. 식이 다음과 같다.

$$SIL = 10Log(I/Io)\ dB \text{ ------------------------ ①}$$

여기서, Io: 10-12 w/m^2

I: 대상음의 세기

(2) SPL(sound pressure level)

음의 압력도이다.

$$I = P \times V \text{ ---------------------------------- ②}$$

여기서, I: 대상음의 세기, w/m^2

P: 음압, N/m^2

V: 매질에서 음의 속도, m/sec

$$V = P/\rho C \text{ ---------------------------------- ③}$$

여기서, V: 매질에서 음의 속도, m/sec

ρC: 고유 음향 임피던스, rayls

인데 고유 음향 임피던스란 전기에서는 교류에서 전압의 전류에 대한 비이고 음향에서는 오실로스코프로의 입력량에 대한 정현파(sine wave) 모양으로 변화하는 출력량의 비이다. 이는 음압의 음파속도에 대한 비이다.

②식에 ③식을 대입하면

$$I = P^2/\rho C \text{ -------------------------------- ④}$$

①식에 ④식을 대입하면

$$SPL = 20Log(P/Po)\ dB \text{ -------------------------- ⑤}$$

여기서, Po: 대상음의 압력, N/m^2

가 성립한다.

(3) PWL(sound power level)

음향 파워도이다.

PWL = 10Log(W/Wo), dB

여기서, Wo: 10^{-12} w

W; 대상음의 파워, w

5) 음의 감각적 척도

(1) 음의 크기(loudness, L): 소리의 크기를 느끼는 감각량의 단위

예) 1,000 Hz에서 40 dB의 음압수준을 갖는 순음의 크기를 1 sone으로 정의. 임의의 주파수에서 이와 같은 크기로 들릴 경우 1 sone, 2배의 크기로 들리면 2 sone

(2) 음의 크기 수준(loudness level, LL): 1,000 Hz(기준음)의 음압수준과 같은 크기로 들리는 주관적인 소리

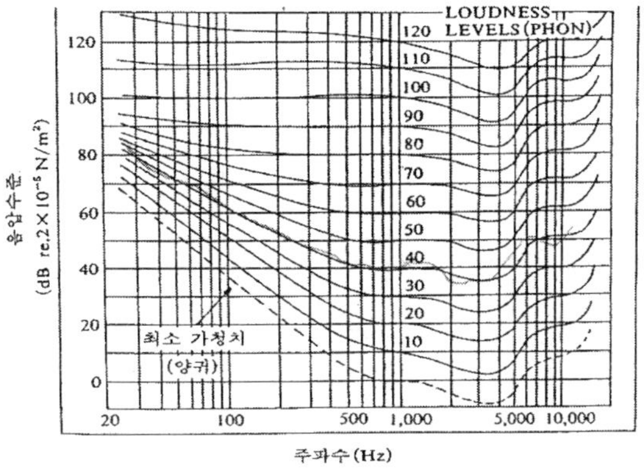

소리는 원래 정교하게 만들어진 사람의 청각기관을 통하여 뇌에 전달되어 감지되므로 진동과는 달리 소음 환경에 폭로된 경우 반응 정도가 비교적 정확하게 나타난다.

6) 귀의 소리 전달

(1) **웨버와 페더 법칙**(Weber and Fether's law)

① 소리에 대한 사람의 감각량은 자극량에 대수적(logarithmic)으로 변화

② 즉, 음의 파워가 10배, 100배, 1000배로 증가할 경우 사람이 느끼는 음의 감각은 1배, 2배, 3배에 불과

(2) **최소 · 최대 가청음 파워**

① 최소 음의 파워: 새가 날개를 펄럭이는 소리[10−12 W/m^2(Joule/m^2−sec)]

② 최대 음의 파워: 10 W/m^2(Joule/m^2−sec)

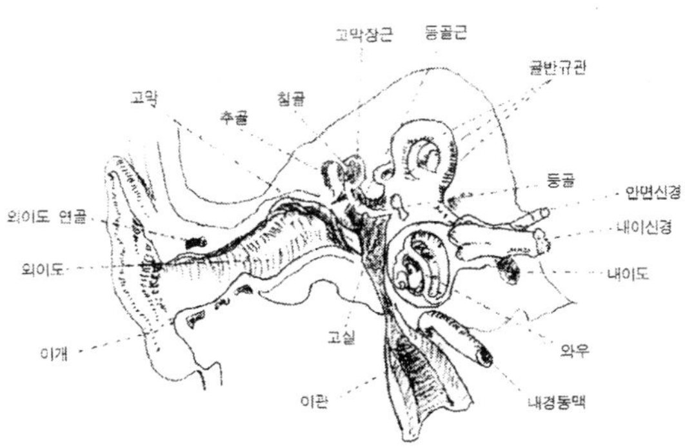

[그림] 귀의 구조

(3) 귀의 소리 전달 경로

A. 외이(外耳, auris externa): 소리 전달 매질은 공기

① 귓바퀴(auricle): 집음기 역할

② 외이도(meatus acusticus): 일종의 공명기로 음을 증폭

③ 고막(鼓膜, membrana tympanum): 진동판 역할(두께 0.1 mm, 직경 1 cm)

B. 중이(中耳 tympanum): 소리 전달 매질은 뼈. 넓이 1~2 cm^2

① 고실(鼓室, cavum tympani)

❶ 이소골: 망치(hammer), 다듬이(anvil), 등골(鐙骨, stapes)로 구성

❷ 고막에 진동된 음압을 20배 정도 증폭하는 임피던스(impedance) 변화를 일으킴

C. 내이(內耳, auris interna): 소리 전달 매질은 림프액

① 난원창(卵圓窓, utriculus): 이소골 진동을 달팽이관 내부 림프액에 전달하는 진동판 역할

② 이관(耳管, eustachian tube): 중이의 기압을 조정

③ 달팽이관(蝸牛管, membranous cochlea)

❶ 내부에 들어있는 림프액

❷ 이 림프액이 이소골 진동에 의한 난원창 진동판 진동에 의하여 자극을 받음.

❸ 그러면 림프액은 상층 기저막을 덮고 있는 섬모를 진동

④ 청신경(聽神經, auditory nerve): 이 진동을 대뇌(大腦, cerebrum)에 전달

7) 소리의 ABC 특성

① 발생되는 소음의 크기 수준을 측정할 경우 3가지 등감곡선으로부터 얻어진 보정로를 사용한 소음계로 측정하게 됨.

② 실제로 소음계는 40, 70, 85 phon의 등감곡선에 유사한 감도를 나타내도록 주파수가 보정되어 있어 이것을 각각 A, B, C 특성이라 함.

③ 인체의 귀의 감각량과 가장 가까운 것이 A 특성이며 dB(A)로 표시

④ C 특성은 거의 평탄한 주파수 특성이므로 주파수 분석에 사용함.

⑤ 현재는 sound level meter의 3가지 특성 중 A 특성만을 사용(ACGIH의 TLV에서도 A 측정치만을 허용기준으로 함.)

8) 소음의 측정 및 평가

① 소음측정값은 Sound level meter A특성으로부터 측정한 값을 다음 공식

$$N = dB(A) - 5$$

을 이용하여 산출

② 환경정책기본법 시행령 상 허용된 기준은 아래 표에 의해 보정한 평가 소음도 50 이하이어야 함(평가 소음도 = 실측치 dB(A) − 5 ± 보정치).

9) 소음의 영향

가. 특성

소음 공해는 축적성이 없고 감각공해이며 국소적이고 다발적인 특성을 지니고 있다.

나. 인간 건강 위해(human health risk)

− 건강 위해 조건 −

가. 소음측 조건(물리적 성상)

① 높은 음압도

② 20,000 Hz 이상의 고주파 음향

③ 간헐적이고 충격적인 맥동음(脈動音)

나. 인간측 조건(감수성)

① 환자, 임산부, 허약체질 사람의 건강도

② 여자와 노인

③ 수면중과 휴식중인 사람의 심신상태

④ 신경예민 체질과 기질

⑤ 습관과 경험 및 만성도

⑥ 사회적 이해정도

− 건강 위해 종류 −

가. 불쾌감(unpleasure)

정서적 불안정을 뜻하며 대상 주민 50%가 호소하기 시작할 때의 소음도가 불쾌감 소음도로 인정

나. 수면방해(sleep disturbance)

수면방해를 받지 않을 정도의 소음도가 20~25 dB(A)이다.

다. 회화방해

원인이 음장효과에 있으며 회화를 방해할 정도의 소음도가 50~54 dB(A)이다.

라. 작업방해

95 dB(A)의 소음도 환경에서는 작업능률이 저하되어 작업량이 30% 정도 감소된다.

마. 소음의 전신영향

혈압 ↑, 맥박 ↑, 발한 ↑, 타액 및 위액분비 증가, 위장관 운동 ↓

바. 청력장해(impediment of hearing ability)

① 일시적 난청(TTS, temporary threshold shift)

② 소음성 난청(NTS, noisy threshold shift)/영구적 난청(PTS, permanent threshold shift): 주파수 4000 Hz 부근의 소음에서부터 시작된다(C_5-DIP현상).

③ 노인성 난청(presbycousis): 주파수 6000 Hz 부근의 소음에서부터 시작된다.

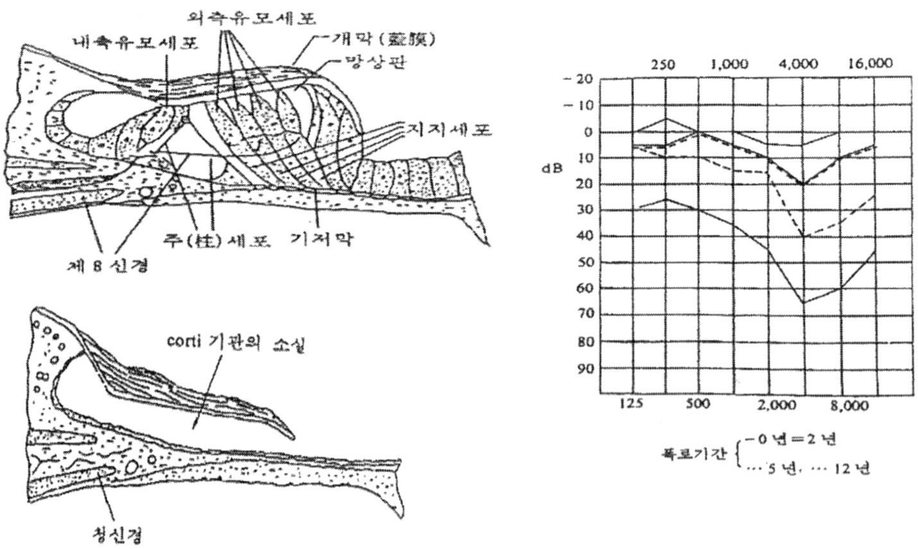

[그림] 정상와우, 전면적인 변성 corti 기관 소실, 오디오그래프상 소음성 난청 진행 과정

10.2 진동

1) 진동공해의 정의

사람에게 불쾌감을 주는 떨림으로 사고와 행동 목적을 저해하고 쾌적한 생활환경을 파괴하며 사람의 건강 및 건물 등의 재산에 피해를 주는 공해이다.

• 소음 · 진동관리법

제2조(정의) 이 법에서 사용하는 용어의 뜻은 다음과 같다.〈개정 2009.6.9〉

1. '진동(振動)'이란 기계 · 기구 · 시설, 그 밖의 물체의 사용으로 인하여 발생하는 강한 흔들림을 말한다.

2) 진동의 수준표시

진동이 인체에 미치는 영향이 발생시간에 대한 변위 진폭과 주파수로 구분되고 진동수준은 진동 가속도 레벨(VAL, vibration acceleration level) · 진동 레벨(VL, vibration level)로 표시된다.

가. 진동 가속도 레벨

진동의 물리량을 dB로 나타낸 것이다.

$$\mathrm{VAL} = 20\log\left(\frac{Arms}{Ar}\right)\ \mathrm{dB}$$

여기서, Arms: 측정대상 진동의 가속도 실효치, m/sec^2

Ar: 기준 진동의 가속도 실효치, $10^{-5}\ m/sec^2$

VAL 1~90 Hz 범위에서는 대개 일정한 성질(평탄 성질)을 나타내는 것으로 알려져 있다.

나. 진동 레벨

1~90 Hz의 주파수대 영역별로 나타나는 개개의 VAL에 인체의 진동감각 특성(수직 또는 수평 감각)을 보정한 값의 합이다.

$$\mathrm{VL} = \mathrm{VAL} + \mathrm{Wn}$$

여기서, Wn은 주파수 옥타브(대역)별 인체감각에 대한 보정치로서 주로 1/3 옥타브 밴드 진동감각 상대 반응치를 사용한다.

3) 진동의 영향

가. 감각적 영향

수직, 수평 진동이 동시에 가해지면 2배의 자각현상이 일어나는데 주파수 6 Hz 부근에서 가슴 및 등에 심한 통증이 오고 13 Hz 부근에서는 머리에 심한 진동이 일어나고 볼, 눈꺼풀 등에도 진동이 일어나며 4~14 Hz 부근에서는 복통이 일어난다. 9~20 Hz에서는 대소변의 의욕과 무릎의 탄력감이 생기며 열이 나는 느낌이 든다.

나. 생리적 영향

맥박수가 증가한다. 주파수 12~16 Hz에서 후두계에 자극을 주어 뱃속 음식물의 유동감이 생성되며 발성 이상이 나타나고 1~3 Hz에서는 호흡이 힘들고 산소소비량이 증가한다.

다. 신체적 영향

① 공진현상

3~6 Hz, 20~30 Hz에서 가해진 진동보다 크게 느끼며 착석시가 기립시보다 심하게 등장한다.

② 전신진동

운전기사·공장 근로자 등에서 나타나는데 압박감과 동통감에서 비롯되는 공포감과 오한으로 발전한다.

③ 국소진동

착암기나 공기햄머, 그라인더(grinder) 등을 다루는 근로자들에게서 많이 나타나는데 주 현상은 말초현관 운동 장애로 인한 혈액순환부족 현상(Raynaud씨 현상)이다.

라. 진동의 생체작용

가. 전신진동

- ▶ 1 Hz이하에서 불쾌감(1974년 ISO)
- ▶ 80 Hz 이상에서 피부작용 국소장해(1974년 ISO)

나. 국소진동

- ▶ 진동강도, 진동수, 방향, 폭로시간의 네 가지 인자의 상호관계로 판단
- ▶ FOS(Factor of safety in mechanical and structural engineering) 세 가지 기준

❶ 피로 능력감퇴 경계

❷ 폭로한계

❸ 쾌감감퇴

4) 진동대책

가. 전신진동

① 근로자와 발진원 사이의 대책

❶ 구조물의 진동을 최소화

❷ 전파경로에 대한 수용자 위치검검 및 대책

❸ 수용자의 거리

❹ 측면전파의 방지

② 인체에 도달하는 진동 장해의 최소화

❶ 매일 진동 폭로기간의 최소화

❷ 작업 중 적절한 휴식시간 허용

❸ 피할 수 없는 진동의 경우 최선의 작업을 위한 인간공학적 설계

❹ 근로자의 신체적 적합성, 검사대책

❺ 진동의 감수성을 촉진시키는 폭로된 근로자들을 의학적 면에서 부적격자 제외

❻ 초과된 진동의 최소화를 위한 공학적 설계와 관리

❼ 금연과 금주

나. 국소진동

❶ 자주 휴식을 취할 것

❷ 진동공구 무게가 10 kg을 초과하여서는 아니 됨.

❸ glove를 사용

❹ 체온 유지

☞ **중요한 방진재료**

강철 용수철, 방진용 고무, 코르크나 스폰지

[표] 공장소음의 배출허용기준(제8조 관련) 〈개정 2010.6.30〉

대상지역	시간대별		
	낮(06:00~18:00)	저녁(18:00~24:00)	밤(24:00~06:00)
가. 도시지역 중 전용주거지역 · 녹지지역, 관리지역 중 취락 지구 · 주거개발진흥지구 및 관광 · 휴양개발진흥지구, 자연환경보전지역 중 수산자원 보호구역 외의 지역	50 이하	45 이하	40 이하
나. 도시지역 중 일반주거지역 및 준주거지역	55 이하	50 이하	45 이하
다. 농림지역, 자연환경보전지역 중 수산자원보호구역, 관리지역 중 가목과 라목을 제외한 그 밖의 지역	60 이하	55 이하	50 이하
라. 도시지역 중 상업지역 · 준공업지역, 관리지역 중 산업개발진흥지구	65 이하	60 이하	55 이하
마. 도시지역 중 일반공업지역 및 전용공업지역	70 이하	65 이하	60 이하

비고

• 산업집적활성화 및 공장설립에 관한 법률

제2조(정의) 이 법에서 사용하는 용어의 뜻은 다음과 같다. 〈개정 2010.4.12〉

1. '공장'이란 건축물 또는 공작물, 물품제조공정을 형성하는 기계 · 장치 등 제조시설과 그 부대시설(이하 '제조시설 등'이라 한다)을 갖추고 대통령령으로 정하는 제조업을 하기 위한 사업장으로서 대통령령으로 정하는 것을 말한다.

1. 소음의 측정 및 평가기준은 「환경분야 시험 · 검사 등에 관한 법률」 제6조제1항 제2호에 해당하는 분야에 대한 환경오염공정시험기준에서 정하는 바에 따른다.
2. 대상 지역의 구분은 「국토의 계획 및 이용에 관한 법률」에 따른다.
3. 허용 기준치는 해당 공장이 입지한 대상 지역을 기준으로 하여 적용한다.
4. 충격음 성분이 있는 경우 허용 기준치에 −5 dB을 보정한다.
5. 관련시간대(낮은 8시간, 저녁은 4시간, 밤은 2시간)에 대한 측정소음발생시간의 백분율이 12.5% 미만인 경우 +15dB, 12.5% 이상 25% 미만인 경우 +10dB, 25% 이상 50% 미만인 경우 +5dB을 허용 기준치에 보정한다.
6. 위 표의 지역별 기준에도 불구하고 다음 사항에 해당하는 경우에는 배출허용기준을 다음과 같이 적용한다.
   가. 「산업입지 및 개발에 관한 법률」에 따른 산업단지에 대하여는 마목의 허용 기준치를 적용한다.
   나. 「의료법」에 따른 종합병원, 「초 · 중등교육법」 및 「고등교육법」에 따른 학교, 「도서관법」에 따른 공공도서관, 「노인복지법」에 따른 노인전문병원 중 입소규모 100명 이상인 노인전문병원 및 「영유아보육법」에 따른 보육시설 중 입소규모 100명 이상인 보육시설(이하 '정온시설'이라 한다)의 부지경계선으로부터 50미터 이내의 지역에 대하여는 해당 정온시설의의 부지경계선에서 측정한 소음도를 기준으로 가목의 허용 기준치를 적용한다.
   다. 가목에 따른 산업단지와 나목에 따른 정온시설의 부지경계선으로부터 50미터 이내의 지역이 중복되는 경우에는 특별자치도지사 또는 시장 · 군수 · 구청장이 해당 지역에 한정하여 적용되는 배출허용기준을 공장소음 배출허용기준범위에서 정할 수 있다.

[표] 공장진동의 배출허용기준(제8조 관련) 〈개정 2010.6.30〉

대상지역	시간대별	
	낮(06:00~22:00)	밤(22:00~06:00)
가. 도시지역 중 전용주거지역 · 녹지지역, 관리지역 중 취락지구 · 주거개발진흥지구 및 관광 · 휴양개발진흥전지역, 자연환경보전 지역 중 수산자원보호구역 외의 지역	60 이하	55 이하
나. 도시지역 중 일반주거지역 · 준주거지역, 농림지역, 자연환경보전지역 중 수산자원보호구역, 관리지역 중 가목과 다목을 제외한 그 밖의 지역	65 이하	60 이하
다. 도시지역 중 상업지역 · 준공업지역, 관리지역 중 산업개발진흥지구	70 이하	65 이하
라. 도시지역 중 일반공업지역 및 전용공업지역	75 이하	70 이하

비고

1. 진동의 측정 및 평가기준은 「환경분야 시험 · 검사 등에 관한 법률」 제6조제1항 제2호에 해당하는 분야에 대한 환경오염공정시험기준에서 정하는 바에 따른다.
2. 대상 지역의 구분은 「국토의 계획 및 이용에 관한 법률」에 따른다.
3. 허용 기준치는 해당 공장이 입지한 대상 지역을 기준으로 하여 적용한다.
4. 관련시간대(낮은 8시간, 밤은 3시간)에 대한 측정진동발생시간의 백분율이 25% 미만인 경우 +10dB, 25% 이상 50% 미만인 경우 +5dB을 허용 기준치에 보정한다.
5. 위 표의 지역별 기준에도 불구하고 다음 사항에 해당하는 경우에는 배출허용 기준을 다음과 같이 적용한다.
   가. 「산업입지 및 개발에 관한 법률」에 따른 산업단지에 대하여는 라목의 허용 기준치를 적용한다.
   나. 정온시설의 부지경계선으로부터 50미터 이내의 지역에 대하여는 해당 정온시설의 부지경계선에서 측정한 진동레벨을 기준으로 가목의 허용 기준치를 적용한다.
   다. 가목에 따른 산업단지와 나목에 따른 정온시설의부지경계선으로부터 50미터 이내의 지역이 중복되는 경우에는 특별자치도지사 또는 시장 · 군수 · 구청장이 해당 지역에 한정하여 적용되는 배출허용기준을 공장진동 배출허용기준 범위에서 정할 수 있다.

[표] 교통소음진동의 관리기준(제25조 관련) 〈개정 2010.6.30〉

1. 도로

대상지역	구분	한도	
		주간(06:00~22:00)	야간(22:00~06:00)
주거지역, 녹지지역, 관리지역 중 취락지구 · 주거개발진흥지구 및 관광 · 휴양개발진흥지구, 자연환경보전지역, 학교 · 병원 · 공공도서관 및 입소규모 100명 이상의 노인의료복지시설 · 영유아보육시설의 부지 경계선으로부터 50미터 이내 지역	소음 (LeqdB(A))	68	58
	진동 (dB(V))	65	60
상업지역, 공업지역, 농림지역, 생산관리지역 및 관리지역 중 산업 · 유통개발진흥지구, 미고시지역	소음 (LeqdB(A))	73	63
	진동 (dB(V)	70	65

참고
1. 대상 지역의 구분은 「국토의 계획 및 이용에 관한 법률」에 따른다.
2. 대상 지역은 교통소음 · 진동의 영향을 받는 지역을 말한다.

2. 철도

대상지역	구분	한도	
		주간(06:00~22:00)	야간(22:00~06:00)
주거지역, 녹지지역, 관리지역 중 취락지구 · 주거개발진흥지구 및 관광 · 휴양개발진흥지구, 자연환경보전지역, 학교 · 병원 · 공공도서관 및 입소규모 100명 이상의 노인의료복지시설 · 영유아보육시설의 부지 경계선으로부터 50미터 이내 지역	소음 (LeqdB(A))	70	60
	진동 (dB(V))	65	60
상업지역, 공업지역, 농림지역, 생산관리지역 및 관리지역 중 산업 · 유통개발진흥지구, 미고시지역	소음 (LeqdB(A))	75	65
	진동 (dB(V)	70	65

참고
1. 대상 지역의 구분은 「국토의 계획 및 이용에 관한 법률」에 따른다.
2. 정거장은 적용하지 아니한다.
3. 대상 지역은 교통소음 · 진동의 영향을 받는 지역을 말한다.

[표] 생활소음진동의 관리기준

1. 생활소음 규제기준(제20조 3항관련) [단위: dB(A)] 〈개정 2010.6.30〉

<table>
<tr><th>대상 지역</th><th colspan="2">시간대별
소음원</th><th>아침, 저녁
(05:00~07:00,
18:00~22:00)</th><th>주간
(07:00~18:00)</th><th>야간
(22:00~05:00)</th></tr>
<tr><td rowspan="7">가. 주거지역, 녹지지역, 관리지역 중 취락지구·주거개발진흥지구 및 관광·휴양개발진흥지구, 자연환경보전지역, 그 밖의 지역에 있는 학교·종합병원·공공도서관</td><td rowspan="2">확성기</td><td>옥외설치</td><td>60 이하</td><td>65 이하</td><td>60 이하</td></tr>
<tr><td>옥내에서 옥외로 소음이 나오는 경우</td><td>50 이하</td><td>55 이하</td><td>45 이하</td></tr>
<tr><td colspan="2">공장</td><td>50 이하</td><td>55 이하</td><td>45 이하</td></tr>
<tr><td rowspan="2">사업장</td><td>동일 건물</td><td>45 이하</td><td>50 이하</td><td>40 이하</td></tr>
<tr><td>기타</td><td>50 이하</td><td>55 이하</td><td>45 이하</td></tr>
<tr><td colspan="2">공사장</td><td>60 이하</td><td>65 이하</td><td>50 이하</td></tr>
<tr style="display:none"></tr>
<tr><td rowspan="6">나. 그 밖의 지역</td><td rowspan="2">확성기</td><td>옥외설치</td><td>65 이하</td><td>70 이하</td><td>60 이하</td></tr>
<tr><td>옥내에서 옥외로 소음이 나오는 경우</td><td>60 이하</td><td>65 이하</td><td>55 이하</td></tr>
<tr><td colspan="2">공장</td><td>60 이하</td><td>65 이하</td><td>55 이하</td></tr>
<tr><td rowspan="2">사업장</td><td>동일 건물</td><td>50 이하</td><td>55 이하</td><td>45 이하</td></tr>
<tr><td>기타</td><td>60 이하</td><td>65 이하</td><td>55 이하</td></tr>
<tr><td colspan="2">공사장</td><td>65 이하</td><td>70 이하</td><td>50 이하</td></tr>
</table>

비고

1. 소음의 측정 및 평가기준은 「환경분야 시험·검사 등에 관한 법률」 제6조 제1항 제2호에 해당하는 분야에 따른 환경오염공정시험기준에서 정하는 바에 따른다.
2. 대상 지역의 구분은 「국토의 계획 및 이용에 관한 법률」에 따른다.
3. 규제기준치는 생활소음의 영향이 미치는 대상 지역을 기준으로 하여 적용한다.
4. 공사장 소음규제기준은 주간의 경우 특정공사 사전신고 대상 기계·장비를 사용하는 작업시간이 1일 3시간 이하일 때는 +10dB을, 3시간 초과 6시간 이하일 때는 +5dB을 보정한다.
5. 발파소음의 경우 주간에만 규제기준치(광산의 경우 사업장 규제기준)에 +10dB을 보정한다.
6. 2010년 12월 31일까지는 발파작업 및 브레이커·항타기·항발기·천공기·굴삭기(브레이커 작업에 한한다)를 사용하는 공사작업이 있는 공사장에 대하여는 주간에만 규제기준치(발파소음의 경우 비고 제6호에 따라 보정된 규제기준치에 +3dB을 보정한다.
7. 공사장의 규제기준 중 다음 지역은 공휴일에만 −5dB을 규제기준치에 보정한다.
   가. 주거지역
   나. 「의료법」에 따른 종합병원, 「초·중등교육법」 및 「고등교육법」에 따른 학교, 「도서관법」에 따른 공공도서관의 부지경계로부터 직선거리 50 m 이내의 지역
8. '동일 건물'이란 「건축법」 제2조에 따른 건축물로서 지붕과 기둥 또는 벽이 일체로 되어 있는 건물을 말하며, 동일 건물에 대한 생활소음 규제기준은 다음 각 목에 해당하는 영업을 행하는 사업장에만 적용한다.

가. 「체육시설의 설치 · 이용에 관한 법률」 제10조 제1항 제2호에 따른 체력단련장업, 체육도장업, 무도학원업 및 무도장업
나. 「학원의 설립 · 운영 및 과외교습에 관한 법률」 제2조에 따른 학원 및 교습소 중 음악교습을 위한 학원 및 교습소
다. 「식품위생법 시행령」 제21조 제8호 다목 및 라목에 따른 단란주점영업 및 유흥주점 영업
라. 「음악산업진흥에 관한 법률」 제2조 제13호에 따른 노래연습장업
마. 「다중이용업소 안전관리에 관한 특별법 시행규칙」 제2조 제4호에 따른 콜라텍업

2. 생활진동 규제기준 [단위: dB(V)]

시간대별 대상지역	주간(06:00～22:00)	심야(22:00～06:00)
가. 주거지역, 녹지지역, 관리지역 중 취락지구 · 주거개발진흥지구 및 관광 · 휴양개발진흥지구, 자연환경보전지역, 그 밖의 지역에 소재한 학교 · 종합병원 · 공공도서관	65 이하	60 이하
나. 그 밖의 지역	70 이하	65 이하

비고
1. 진동의 측정 및 평가기준은 「환경분야 시험 · 검사 등에 관한 법률」 제6조 제2호에 해당하는 분야에 대한 환경오염공정시험기준에서 정하는 바에 따른다.
2. 대상 지역의 구분은 「국토의 계획 및 이용에 관한 법률」에 따른다
3. 규제기준치는 생활진동의 영향이 미치는 대상 지역을 기준으로 하여 적용한
4. 공사장의 진동 규제기준은 주간의 경우 특정공사 사전신고 대상 기계 · 장비를 사용하는 작업시간이 1일 2시간 이하일 때는 +10 dB을, 2시간 초과 4시간 이하일 때는 +5 dB을 규제기준치에 보정한다.
5. 발파진동의 경우 주간에만 규제기준치에 +10 dB을 보정한다.

10.3 신기술 소개

분류	내용
신청구분	신기술인증
진행현황	접수 진행중 → 접수 완료 → 공고 진행중 → 공고완료 → 신청서검토(보완) → 평가등록비 안내 → 평가등록비납부완료 → 현장조사 준비중 → 현장조사 완료 → 서류심사 준비중 → 서류심사 완료 → 인증서 발급완료
신청자	(주)포이닉스
사업자번호	135-81-62072
대표자	김병채
담당자명	
담당자부서	
담당자직위	
E-Mail	
전화번호	
FAX번호	
시설소재지	경기도 수원시 메탄3동 주공4단지 404~4-5동 인근
기술분야	소음
기술명	Radial type SBS(RSBS)를 이용한 복층포장구조에 의해 도로소음을 저감하는 기술
기술내용	아스팔트 개질제인 RSBS(Radial type인 SBS)를 주원료로 사용하여 아스팔트 혼합물에 대소다(大小多)공극을 형성시켜 교통소음의 대부분을 차지하는 차량의 마찰소음을 저감함으로써 정온한 주거환경을 향상시킬 수 있는 소음저감기술
신기술범위	◦ RSBS개질제를 이용하여 소음저감에 필요한 대소다(大小多)공극을 포장구조내에 형성시키는 기술 ◦ 복층구조에 의해 22% 이상의 공극률을 가지도록 하는 기술 ◦ 단층별로 공극크기를 달리하는 복층구조로서 도로소음을 단층 저소음포장에 비하여 3 dB 이상(일반포장 대비 9~10 dB) 저감시키는 기술

참고문헌

김동민, 폐수처리, 청문각.

김좌관, 수질오염개론, 동화기술.

도갑수, 폐기물처리공학, 신광문화사.

박승조 등, 환경생태학, 지구문화사.

서부갑 등, 환경위생학, 대학서림.

안승구 등, 환경미생물학, 신광문화사.

양상현, 상하수도공학, 동화기술.

이강아 등, 인체생리학, 현문사.

한국환경산업기술원 환경신기술정보시스템 자료실.

Peavy et al., Environmental Engineering, McGraw Hill.

Volesky et al., Biosorption of Heavy Metals, CRC Press.

Volesky, Sorption and Biosorption, BV Sorbex Inc.

저자 소개 공 석 기(孔 錫 基)

시립서울산업대학 위생공학과 공학사
숭전대학교 환경공학과 공학석사
충남대학교 보건학과 보건학석사
서울시립대학교 환경공학과 공학박사
일본 에히메대학교 생물지구과학과 방문교수
캐나다 맥길대학교 화학공학과 방문교수
환경부 환경신기술 심의평가위원
현재 중부대학교 환경공학과 · 환경보건학과 · 보건행정학과 전임교원

環境汚染의 技術的 制御

2011년 8월 30일 초판발행

저 자 / 공 석 기
발행인 / 윤 진 영
발행소 / 도서출판 대학서림

110-530
서울특별시 종로구 혜화동 78-2
전화 : (02) 744-2811~2 / 763-1220
FAX : (02) 744-1210
등록 : 1965. 1. 20
번호 : 1-88

이 책 내용의 일부 또는 전부를 무단(복사기 등 여하한 방법을 포함) 복사, 복제하면 저작권 및 출판권을 침해한 것이므로 의법처단 됩니다.

값 15,000원

ISBN 978-89-8016-885-9 93510